CONTRIBUTION A L'ÉTUDE

DE LA

CLIMATOTHÉRAPIE

EN FRANCE

PAR

MM. les Docteurs G. BARDET & A. KLEIN.

Extrait du journal *Les Nouveaux Remèdes.*

PARIS

OCTAVE DOIN, ÉDITEUR

8, place de l'Odéon, 8

—

1890

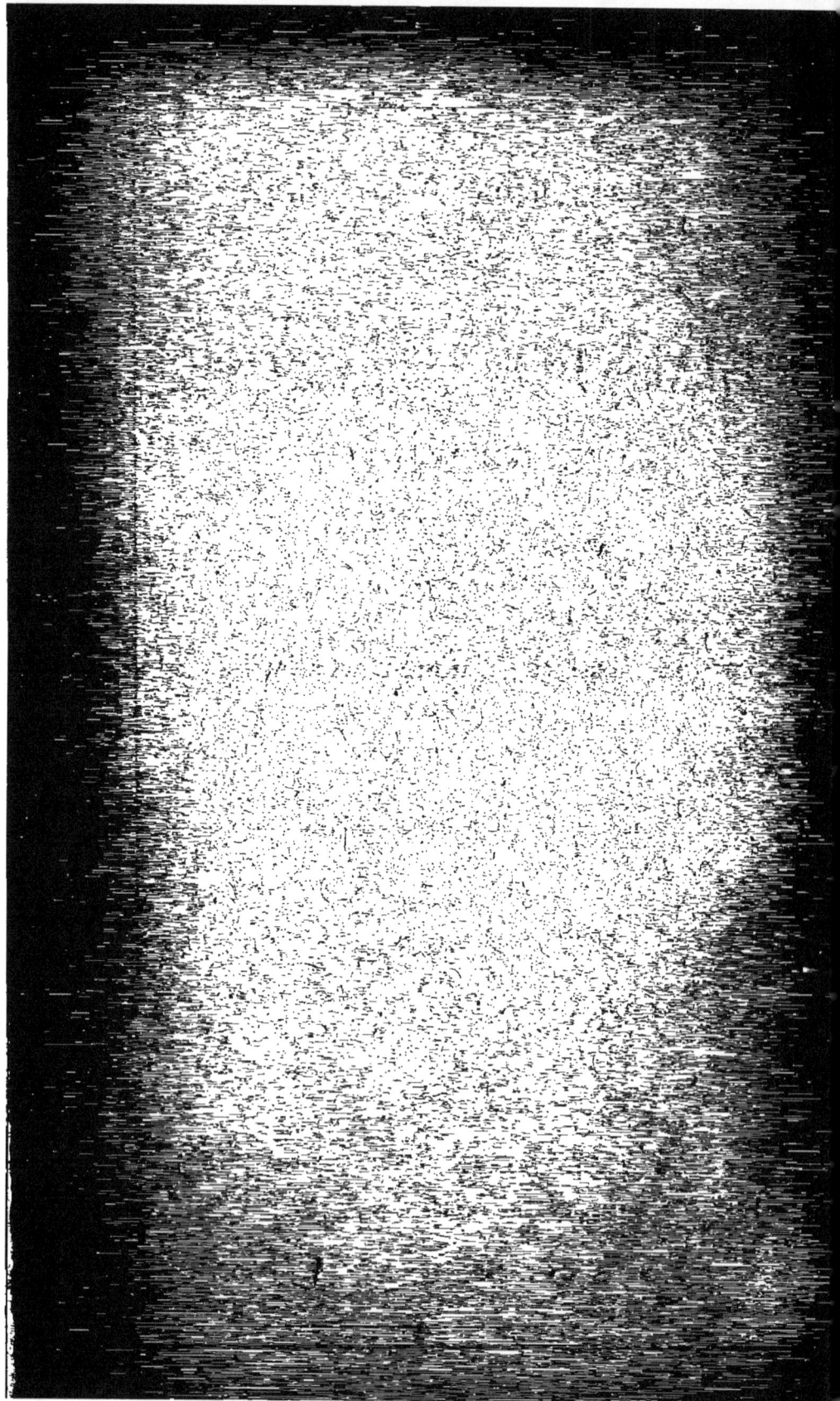

CONTRIBUTION A L'ÉTUDE

DE LA

CLIMATOTHÉRAPIE EN FRANCE

PAR

MM. les Docteurs G. BARDET & A. KLEIN.

Extrait du journal Les Nouveaux Remèdes.

PARIS

OCTAVE DOIN, ÉDITEUR

8, place de l'Odéon, 8

—

1890

AVANT-PROPOS

Parmi les nouvelles médications où l'hygiène thérapeutique trouve ses plus belles applications, on doit assurément placer le traitement hygiénique des affections bacillaires ou simplement dues à la misère physiologique.

Il nous a donc paru intéressant de résumer dans un travail écrit dans une complète indépendance des idées anciennes, les principales données qui sont aujourd'hui généralement acceptées sur les sanatoria et la climatothérapie générale.

Cela fait, nous avons annexé à titre documentaire, à notre mémoire, un certain nombre de tableaux météorologiques qui seront utiles à consulter pour l'étude de la climatologie des côtes de France.

C'est à ce titre que notre travail trouve sa place dans les *Nouveaux Remèdes*, qui ont pour but de rassembler des documents destinés à en faire un recueil complet des matières de la science thérapeutique.

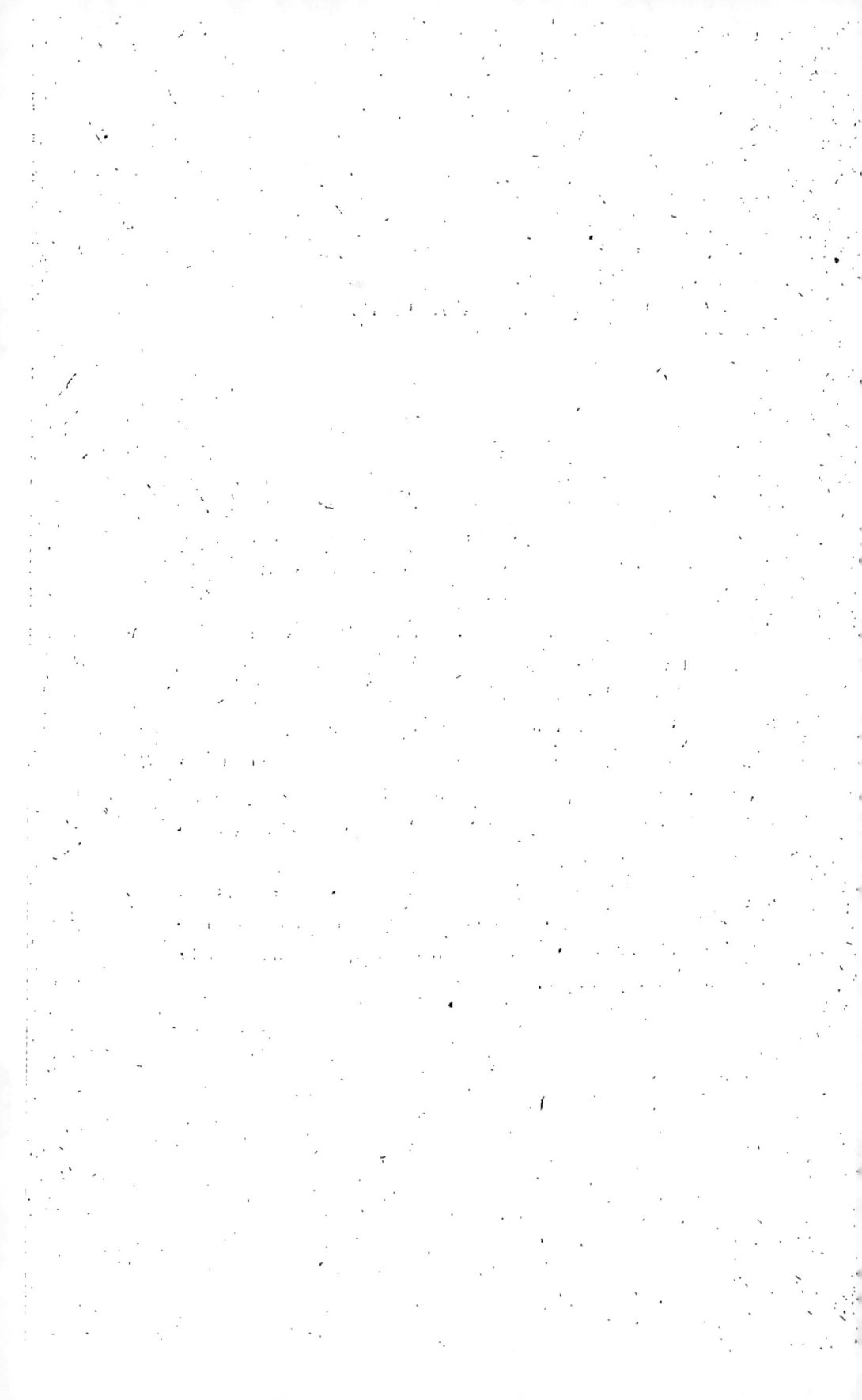

CONTRIBUTION A L'ÉTUDE

DE LA

CLIMATOTHÉRAPIE

EN FRANCE

CHAPITRE PREMIER

CLIMATOLOGIE GÉNÉRALE

La climatothérapie a été de tout temps un des moyens thérapeutiques inspirant la plus grande confiance aux médecins aussi bien qu'aux malades. On a toujours recherché les bienfaits d'un climat salutaire qui aurait la vertu de guérir la phtisie, ce grand mal qui décime l'humanité depuis des temps immémoriaux. Mais si ce moyen est vieux comme la médecine elle-même, ce n'est que dans les temps derniers qu'on a commencé à sortir de l'empirisme grossier pour faire une climatothérapie raisonnée et raisonnable.

Nous pouvons dire que les spécifités climatériques ont vécu, pour le plus grand bien des malades et pour la dignité de la science. Nous sommes loin de ce temps où l'on formulait un « climat » pour guérir la phtisie, comme on administre du sulfate de magnésie pour guérir une constipation momentanée. Mais si les notions nouvelles de la climatothérapie sont déjà acquises pour la science, elles ne sont pas encore devenues populaires parmi la plupart des médecins, et la vulgarisation de ces notions s'impose d'autant plus que la climatothérapie moderne ne peut être appliquée qu'avec le concours de la société elle-même. Nous nous expliquerons plus loin sur ces idées générales, et nous commençons de suite à traiter le premier point de notre travail, à savoir le climat, les éléments qui établissent un climat et leur valeur réciproque.

LE CLIMAT

Les éléments établissant un climat sont nombreux, et la difficulté du sujet est d'autant plus grande que certains savants ont confondu avec les éléments vrais, nécessaires et météorologiques, des éléments telluriques qui déterminent, il est vrai, la valeur thérapeutique d'une localité, mais, à cause de leur grande variabilité, ne se prêtent aucunement à une généralisation, de sorte qu'il serait impossible de donner la formule d'un climat à l'aide de ces éléments inconstants. Avec Fonssagrives, nous nous servirons, pour établir un climat, des éléments météorologiques, tout en indiquant dans chaque cas particulier d'autres éléments pouvant annihiler ou rehausser la valeur thérapeutique de la formule climatérique d'une localité. Nous nous empressons de dire qu'au point de vue thérapeutique ce n'est que le climat local qui nous intéresse ; les grandes généralités peuvent servir comme base des recherches d'un bon climat d'*habitus*, mais la valeur thérapeutique de l'expression : climat chaud, tempéré, etc., est bien médiocre. D'ailleurs la discussion sur tous ces points aura lieu à sa place. Ainsi le climat étant la manière d'être habituelle de l'atmosphère d'un pays, sa formule météorologique, nous adoptons la définition suivante, qui est celle de Humboldt, avec une petite rectification, qui consiste à supprimer le passage concernant la pureté de l'air et la présence des miasmes plus ou moins délétères : *Un climat est l'ensemble des variations atmosphériques qui affectent nos organes d'une manière sensible : la température, l'humidité, les changements de la pression barométrique, le calme de l'atmosphère, les vents, la tension plus ou moins forte de l'électricité atmosphérique, et enfin le degré ordinaire de transparence et de sérénité du ciel.*

Les facteurs d'un climat sont : 1° la température ; 2° l'humidité ; 3° la pression de l'air ; 4° les vents ; 5° l'état électrique et ozonique ; 6° la luminosité.

La chaleur atmosphérique. — La chaleur est le plus important de tous les éléments établissant le climat ; elle se les subordonne tous dans une certaine mesure.

Les moyennes annuelles, tout en donnant une idée générale sur le régime calorique de chaque localité, a une valeur assez médiocre au point de vue médical. En effet, comme le prouvent quelques exemples que nous rapportons plus bas et comme on le peut prévoir, d'ailleurs, bien des localités présentent des régimes caloriques absolument dissemblables tout en ayant la moyenne annuelle identique.

On peut également négliger jusqu'à un certain point les écarts de température annuelle, c'est-à-dire la différence entre les plus hautes températures et les plus basses ; car ces points, absolument accidentels et de nature essentiellement variable, ne peuvent entrer d'une manière efficace dans la caractéristique d'une région et intéressent plus le jardinier que l'hygiéniste, en raison des limites de température qui permettent à une plante de vivre.

Mais si la valeur des moyennes annuelles est médiocre, il n'en est pas de même pour les moyennes saisonnières. Il est évident qu'elles serrent la question de plus près et peuvent déjà nous donner une indication assez solide.

Nous n'entendons pas suivre la division de l'année en quatre saisons, à savoir : l'été, l'automne, le printemps et l'hiver. Cette division est justifiée si l'on entend pratiquer la climatothérapie d'une façon routinière, en faisant pérégriner le malade pendant toute une année pour passer l'hiver à Nice, l'automne à Montreux et l'hiver au Caire.

Dans notre but de rechercher les conditions favorables pour un séjour prolongé, nous devons établir les saisons en interrogeant les changements produits sur toute la vie organique par la succession des variations climatériques pendant toute une année.

En envisageant la vie des arbres, par exemple, nous voyons qu'ils passent par deux états bien différents : la pleine activité de leur vigueur vitale et la mort apparente. Au mois d'octobre se produit la chute des feuilles, qui est le commencement de la mort apparente, et cet état va durer en s'accentuant jusqu'au mois d'avril, époque du renouveau quand commence la pleine activité des forces vitales, et cet état se prolongera pendant les autres six mois, et ainsi de suite. L'arbre se comporte, par rapport aux changements climatériques de l'année, de deux façons différentes, et il est logique d'admettre par conséquent deux saisons : une chaude, correspondant au maximum de vitalité, et une froide, qui correspond au minimum de vitalité. L'être organisé, l'homme, se comporte, par rapport aux changements climatériques de l'année, d'une façon analogue, quoique dans un degré moindre, et il est très logique de considérer pour lui aussi deux saisons chaude et froide : la première, comprenant les mois : avril, mai, juin, juillet, août et septembre ; la seconde, les autres mois.

Mais les moyennes saisonnières ne suffisent pas encore pour donner le régime climatérique d'une façon tout à fait satisfaisante au point de vue médical. Elles sont justiciables, quoique dans un degré moindre, du même reproche que les moyennes annuelles, et pour pouvoir juger la question avec une proximité satisfaisante au point de vue pratique, il faut chercher la réponse dans les moyennes de chaque mois. Les moyennes mensuelles donnent déjà une idée assez exacte sur le régime climatérique d'une localité.

En abordant la climatologie, nous ne saurions nous arrêter longtemps sur ce sujet, d'ailleurs très connu au point de vue général.

Nous passerons brièvement en revue les divers éléments constituant un climat, en nous arrêtant sur chacun juste autant que cela sera nécessaire pour la clarté de ce qui va suivre.

L'humidité. — La quantité de vapeur d'eau contenue dans l'atmosphère modifie singulièrement la sensation physiologique d'une température. Nous savons que la peau est le grand régulateur de la chaleur animale, et que les sécrétions des glandes sudoripares ont pour effet de reprendre sur la surface cutanée une couche de liquide qui en s'évaporant absorbe une quantité notable de chaleur ; mais cette évaporation se produit avec une intensité plus ou moins grande, suivant le degré hygrométrique de l'atmosphère ambiante. La connaissance de ce phénomène nous donne des indications précieuses pour prévenir de trop grandes déperditions de chaleur, si dangereuses chez des sujets affaiblis et dont le pouvoir calorigène est notablement diminué. Nous voyons, par conséquent, le grand rôle que joue l'humidité au point de vue climatothérapeutique, et nous ne saurions trop insister sur ce facteur, qui à lui seul ne suffit pas pour établir un climat, mais qui, après la température, joue le principal rôle, et dans quelques cas particuliers peut se subordonner à la température, si on envisage la question au point de vue médical. Un des effets les plus intéressants du manque de vapeur d'eau dans l'atmosphère est le changement brusque de la température avec le soleil couchant. Tant que les rayons solaires tombent sur la terre, la température ne saurait s'abaisser, la déperdition se compensant par la chaleur versée par le soleil; mais aussitôt le soleil disparu, la chaleur, n'étant pas arrêtée par l'humidité de l'atmosphère, s'en va avec une rapidité inouïe, et une chaleur étouffante est vite remplacée par un froid assez intense.

L'humidité atmosphérique se manifeste par trois grands phénomènes, à savoir : pluie, rosée, brouillard, avec les différentes modalités de ce dernier. Ces phénomènes ne sont autre chose que les différentes modalités d'un même phénomène; la précipitation de l'humidité atmosphérique sous l'influence de l'abaissement de la température ayant pour résultat de refroidir l'air jusqu'au-dessous de son point de saturation.

La rosée est produite par condensation des couches inférieures de l'atmosphère au contact du sol refroidi par le rayonnement nocturne. Cette rosée est intéressante à noter, parce qu'elle peut être une cause puissante de refroidissement, surtout la rosée blanche (la rosée congelée). Il faudrait, par conséquent, noter avec beaucoup de soin les jours de gelée blanche.

La pluie présente un très grand intérêt au point de vue médical. Il est évident que la connaissance des heures, quand elle tombe ordinairement, est une condition essentielle pour déterminer la journée médicale. Il faut, par conséquent, ne pas se contenter de savoir la quantité de pluie annuelle : il faut en plus savoir la quantité saisonnière, la quantité mensuelle, avec sa répartition dans le courant de la journée.

L'humidité atmosphérique apparaît sous forme de brouillard, de brume et de nuage, et c'est cette condition qui produit le degré de sérénité du ciel. Les brouillards ont une influence puissante sur la santé, et pour plus d'une raison : d'abord ils contiennent les miasmes terrestres et les émanations industrielles; ensuite, au point de vue climatérique proprement dit, ils constituent une cause considérable de refroidissement de nos organes, étant doués d'une grande conductibilité calorique. Tous les observateurs ont remarqué que les phtisiques se portent très mal quand il fait du brouillard. La respiration devient difficile, haletante; ils se plaignent d'oppression, ils souffrent horriblement. Il n'y a rien d'étonnant à cela. Chaque unité d'atmosphère contient d'autant moins d'air respirable qu'elle contient plus de vapeurs d'eau. Les phtisiques, qui ont le champ respiratoire notablement diminué, seront forcés d'augmenter le nombre des respirations, parce que chaque inspiration introduit dans les poumons une quantité moindre d'oxygène respirable qu'avec l'air sec.

Voilà pourquoi il est nécessaire de savoir exactement la fréquence des brouillards dans une localité, parce que ce phénomène, se produisant trop souvent, rend le séjour d'une localité absolument nuisible pour certains malades.

Pression de l'air. — Les variations de la pression atmosphérique sont trop accidentelles pour qu'on puisse considérer ce phénomène comme pouvant changer en quoi que ce soit la formule climatérique d'un climat.

Hâtons-nous de remarquer que ces variations n'ont aucune influence sur la santé; du moins on n'en a constaté aucune jusqu'ici, et la valeur de cet élément pour le climat médical est absolument nulle. Bien autrement intéressante est la connaissance des pressions barométriques dans leurs relations avec les altitudes.

La pression barométrique baisse avec l'altitude, et chaque 10^m,50 d'ascension amène la diminution de la colonne barométrique d'un millimètre. On voit facilement qu'à la hauteur de 800 mètres, par exemple, la pression sera notablement diminuée, et les conditions de vie seront bien autres que celles avec lesquelles nous nous sommes habitués.

Vents. — Les vents jouent un grand rôle hygiénique, étant en tout analogues aux courants marins. Comme ces premiers tendent à régulariser les températures diverses des mers, ainsi ceux-là tendent à régulariser les températures diverses de l'air. Ils sont, par conséquent, une grande cause calorique d'un climat; ils peuvent en apportant la chaleur changer un climat, qui serait froid sans cela, en un climat doux, et *vice versa.*

Nous savons aussi que l'organisme se comporte différemment

en présence d'un vent doux ou d'un vent fort. Le moral, aussi bien que le physique, s'en ressent au plus haut degré.

Il importe donc pour un climatothérapeute d'étudier les vents sous trois points de vue : 1° leur direction ; 2° leur force, et 3° leurs propriétés physiologiques. Très variables en général, les vents offrent cependant dans chaque climat partiel une prédominance de direction en constituant ainsi « les vents régnants ». Les vents ont des qualités générales dépendant de leur direction absolue ; mais les surfaces qu'ils parcourent leur donnent des caractères particuliers. Ces nouvelles qualités, qu'ils tiennent des surfaces parcourues, sont relatives surtout à la température et à l'humidité.

En résumé, ils mélangent les miasmes telluriques et industriels à un degré de dilution qui les rend innoffensifs, et, par conséquent, ils purifient l'air ; ils répartissent l'oxygène en mélangeant avec l'atmosphère générale les atmosphères partielles qui se trouvent appauvries sous ce rapport ; ils apportent avec eux l'humidité dans les centres du continent éloignés des foyers de production de cette humidité ; ils modifient très énergiquement les effets de la température thermométrique en atténuant la chaleur qui deviendrait bientôt insupportable ou en apportant de la chaleur là où, sans leur action salutaire, la vie serait difficile ; ils sont, en résumé, des agents de variation de la température, et souvent, en tendant les ressorts au delà de la résistance, mettent énergiquement en jeu les ressources de la calorigénèse animale, aguerrissent les constitutions vigoureuses, mais peuvent être nuisibles aux organismes débiles.

Nous avons peu de chose à dire de l'état électrique de l'atmosphère. Il est de notoriété publique que l'électricité atmosphérique produit une grande influence sur les êtres organisés. D'autant plus grande doit être cette action sur l'organisme malade ayant besoin de calme et de tranquillité. Des circonstances particulières, telles que les pluies et les vents, font varier considérablement non seulement la quantité d'électricité, mais aussi sa nature. L'électricité de l'atmosphère est positive en général par les vents du nord, et négative par ceux du sud, du sud-ouest et du sud-est. Il est connu que les orages secs sont ceux qui tendent le plus le système nerveux, tandis que les orages accompagnés de pluies sont beaucoup moins sensibles, parce que la pluie amène une détente en servant de moyen de communication entre l'électricité des nuages orageux et l'électricité du nom opposé de la terre.

Il importe donc de connaître les jours d'orages et en même temps leur nature (secs ou pluvieux). Il y a un élément dont la découverte est relativement de date récente, mais qui joue un rôle assez important au point de vue de la climatologie médicale. Nous voulons parler de l'ozone. La propriété désinfectante qu'il possède au plus haut degré en brûlant les matières organiques de l'air doit attirer l'attention sur lui.

Il paraît, d'après les observations ozonimétriques de Bockel et Cook, que les courbes d'ozone suivaient assez régulièrement celles d'augmentation et de décroissance des épidémies du choléra. Il paraît aussi, d'après Schönbein, que sa présence dans l'air est susceptible de produire une irritation locale sur l'organisme et que certaines grippes épidémiques pourraient bien dépendre de cet élément. Tous ces points sont loin d'être éclairés suffisamment, mais le peu que nous connaissons sur l'influence de cet élément au point de vue climatérique doit encourager les recherches dans cette voie.

Lumière. — La lumière, on peut dire, est aussi nécessaire au développement de la vie que la chaleur elle-même. On comprend donc le haut intérêt que les observateurs ont prêté à la question de rechercher les moyens de mesurer la quantité de lumière versée dans l'atmosphère. La luminosité d'un climat agit singulièrement sur la vie humaine, et à température égale la différence de luminosité crée deux climats différents dans leur rapport avec la végétation.

Il va sans dire que l'organisme malade, réactif excessivement sensible, doit se ressentir beaucoup des effets de cet élément.

Il importe maintenant de dire quelques mots sur la classification des climats, classification médicale, cela s'entend.

Eh bien! cette classification n'existe pas. En effet, on ne peut pas classer les climats géographiquement; on ne peut pas non plus le faire en se basant sur un élément quelconque, la chaleur, par exemple, parce que la valeur thérapeutique d'un climat réside dans l'ensemble de tous ses éléments. Chaque localité aura par conséquent son propre climat, et les climats similaires peuvent se retrouver dans des endroits très éloignés les uns des autres.

Pour établir la valeur thérapeutique du climat, cette véritable thériaque selon Fonssagrives, il faut analyser l'influence de chaque élément de cette thériaque sur les nombreuses fonctions de l'organisme vivant. C'est seulement après ce travail d'analyse qu'on pourra déduire quelle action physiologique aura un certain climat et quelle sera sa valeur thérapeutique. C'est en procédant ainsi que nous serons en mesure d'établir les conditions dont l'ensemble donnerait un climat modèle, idéal éminemment propre à rendre des services médicaux.

Il nous faut par conséquent étudier le climat comme modificateur étiologique. Laissant de côté les influences telluriques, nous allons analyser l'action sur l'organisme des principaux éléments purement climatériques, à savoir : la chaleur, l'humidité, la luminosité et les vents. Nous serons très bref sur ces points, notre travail ne comportant pas une étude sur cette question. Nous nous bornerons à exposer seulement l'influence de la chaleur, parce que c'est aux températures élevées qu'on s'adresse en général dans un but thérapeutique. L'influence des autres éléments est trop connue pour que nous les exposions ici.

Avec l'accroissement de la chaleur ambiante, l'appétit diminue et la soif augmente, la respiration s'accélère pour favoriser l'évaporation aqueuse et abaisser ainsi la température. La circulation est activée, le nombre de pulsations augmente. Quand la température ambiante s'accroît, le chiffre des grandes excrétions diminue (acide carbonique, urée) ; la quantité d'urine diminue, par contre la quantité de sueur augmente pour suppléer la déperdition moindre par les reins. Nous voyons que la température ambiante agit très énergiquement sur les diverses fonctions de l'organisme. Suivant son intensité, la continuité de son influence, ses variations, la chaleur est un modificateur très différent de lui-même, et il importe, comme le fait M. Bouchard, de diviser cette étude en : chaleur excessive, chaleur continue, chaleur continue avec variations brusques. La chaleur excessive (climats torrides) est celle qui dépasse la température du corps de l'homme.

Au-dessus de 30° degrés, la chaleur devient déprimante ; les forces diminuent, il survient de l'abattement, de la prostration, de l'inertie ; les mouvements sont lents, pénibles ; les facultés intellectuelles et morales, sans vivacité, sans énergie.

La chaleur a une grande influence sur les fonctions du foie.

Parmi ces actions, la plus intéressante est celle qui augmente la capacité calorigénétique du foie.

Nous avons peu de choses à dire sur d'autres éléments du climat. D'ailleurs, nous avons déjà eu l'occasion de le mentionner.

Nous nous sommes arrêté exprès sur l'action de la température, parce que cet élément joue le rôle principal dans la climatothérapie. En se basant uniquement sur l'action physiologique de la chaleur, nous pouvons dire en résumé que les climats chauds ont pour effet d'activer certaines fonctions, d'en diminuer certaines autres.

Ils stimulent le système nerveux quand la température ne dépasse pas certaine mesure ; ils le calment dans le cas contraire ; ils suppléent au manque de la calorigénèse et peuvent être très utiles chaque fois quand l'équilibre entre la production de la chaleur animale et la déperdition se trouve rompu par le peu d'énergie de la première ; par contre, la suractivité du foie peut engendrer des maladies très sérieuses de cet organe, mais ce danger peut être conjuré par une hygiène appropriée. Comment résoudre alors la question suivante : le climat chaud est-il favorable ou non à la vie humaine ? Certainement, si nous voulions donner une réponse générale embrassant tous les cas, nous nous heurterions à des difficultés insurmontables. L'homme, dans le sens abstrait, est certainement partout le même ; mais au point de vue anthropologique, la différence entre l'habitant de nos contrées et celui des pays chauds est très grande. En effet, en nous transportant dans un pays chaud nous commençons à vivre dans des conditions qui sont anormales par rapport aux besoins et à la façon d'être de notre organisme ; pour nous habituer avec les nouvelles conditions climatériques, nous sommes forcés de passer par un long travail d'assimilation, ou conditions nouvelles, pour aboutir à l'acclimatement. C'est toute une révolution qui se produit dans l'ensemble des fonctions de notre organisme, une révolution qui peut avoir des résultats funestes, si nous ne la transformons pas, l'art aidant, en une évolution qui aura dans son résultat final l'acclimatement.

Nous avons vu ainsi que le séjour dans les climats chauds est préjudiciable à la santé ; mais on peut conjurer ces dangers par une hygiène appropriée. Au point de vue général, on ne peut

pas même dire que le climat chaud soit nuisible à l'homme. Ne
voyons-nous pas les premières civilisations briller d'un éclat
incomparable justement dans ces pays chauds, ces populations
nombreuses ? Il faut s'adapter au milieu, voilà tout. Les Euro-
péens, avec leurs habitudes, la manière d'être de leur organisme,
courent des dangers ; mais ces dangers peuvent être en grande
partie conjurés grâce à l'hygiène. Mais, à notre point de vue,
nous ne pouvons pas considérer le climat chaud comme un bon
climat : il est débilitant, il exige trop de précautions ; le froid
continu agit aussi défavorablement sur les diverses fonctions
de l'organisme humain, et leur résultat est la misère physiologique, la mère de toutes les maladies. En parlant de l'étiologie
de la tuberculose, nous aurons l'occasion de revenir sur la
misère physiologique. Pour le moment, il suffit de dire que, pas
plus que le climat chaud, le climat froid ne favorise le fonctionnement régulier de l'organisme : il exige trop de précautions,
et que par conséquent ce n'est ni l'un ni l'autre qui pourraient
servir de lieu d'élection d'un séjour prolongé pour un malade.

CHAPITRE II

CLIMATOTHÉRAPIE

Dans cette revue des influences du climat sur les phénomènes vitaux de l'organisme sain, nous avons vu que cette action retentit sur les fonctions en les accentuant ou en les diminuant. Bref, l'action de ces nombreux éléments climatériques reste toujours identique. Le climat n'agit point différemment sur l'organisme sain et l'organisme malade.

La chaleur, par exemple, excite les glandes sudoripares, qui ont la fonction de répandre sur la surface cutanée une couche de liquide, dont l'évaporation abaissera la température excessive. Et cette action se produira toujours tant que les glandes sudoripares seront indemnes. Si, au contraire, l'organisme est frappé dans sa force calorigénésique, la chaleur extérieure suppléera à ce manque et l'organisme en bénéficiera, parce que ce changement de température extérieure aura pour effet de créer pour lui des conditions qui seront normales par rapport à sa capacité calorigénésique.

Prenons un autre exemple. Dans un climat à variations brusques de température, les aborigènes vivent parfaitement, grâce à cette merveilleuse faculté de l'organisme de s'adapter au milieu et d'élaborer des moyens de défense en raison directe de la fréquence et de l'intensité des dangers.

L'organisme s'adapte si bien au milieu que le changement brusque de climat peut lui être nuisible. Les exemples des montagnards qui ne peuvent pas supporter certains climats de plaines, en Russie, climats pourtant doux, abondent. Il est connu, par exemple, que les Caucasiens habitant les montagnes, où les variations de température sont très vives, s'accommodent mal avec nos climats tempérés égaux. Ceci prouve que l'organisme se moule pour ainsi dire dans le milieu aux conditions climatériques duquel il s'adapte, et le changement peut lui être très préjudiciable. Il existe un rapport constant entre la manière d'être de l'organisme et le milieu ambiant, et chaque fois que ce rapport vient à être changé l'équilibre est rompu, et l'organisme souffrira en raison directe de ce changement. Il est évident que cette règle (générale) peut présenter des exceptions individuelles, grâce à la flexibilité plus ou moins grande de certains individus ; mais comme généralité elle est vraie. Combien de fois ne nous arrive-t-il pas d'entendre un individu s'écrier que l'air de Paris lui est préjudiciable, et on a l'habitude de hausser les épaules en apprenant que la personne en question habite Dijon. Et pourtant ce fait est réel, et il prouve que l'organisme, en raison même de sa flexibilité, se fait aux conditions habituelles de son séjour, et que les moindres écarts retentissent sur une ou plusieurs des grandes fonctions. Et, en effet, il suffit souvent de revenir dans la localité à laquelle on est habitué pour que le malaise disparaisse et que tout rentre dans l'ordre.

Un résultat analogue de tous points se produira quand une des grandes fonctions sera atteinte plus ou moins gravement. Prenons, dans le même ordre d'idées, l'exemple d'un montagnard habitué aux brusques écarts de température. Si cette facilité de réaction qui le mettait à l'abri des refroidissements vient, par suite d'une maladie, à manquer, l'équilibre entre les causes extérieures et les fonctions de l'organisme se trouve rompu, et le climat, qui était favorable avec les conditions qui étaient pour ainsi dire normales, eu égard aux besoins de l'organisme, devient défavorable par rapport au nouvel état de choses, et l'organisme courra des dangers là où auparavant il puisait la force. Dans le premier cas, la réintégration dans le climat d'habitus était la condition essentielle du rétablissement : dans ce second exemple, nous devons procéder de même. Il faut rétablir l'équilibre en changeant les conditions défavorables. Dans le cas présent, les conditions anormales sont le brusque changement de température, et il est logique de placer l'organisme dans un climat qui, toutes choses égales, ne présentera pas cet écart.

Le climat qui répondra à cette indication sera un milieu normal, eu égard au besoin de l'organisation. En procédant ainsi nous agissons logiquement, nous ne nous basons pas sur des hypothèses. Remarquons que nous n'avons pas parlé de la maladie elle-même ; c'est d'ailleurs à dessein que nous n'avons

même pas spécifié le mal. Peu nous importe pour le moment son cadre nosologique. Nous voulions seulement prouver qu'il est logique de rechercher les bienfaits d'un climat, en nous basant uniquement sur les changements dans certaines fonctions de l'organisme et le manque de rapport entre ses manifestations vitales et les causes extérieures climatériques. Nous avons fait ainsi de la climatothérapie en dehors de l'idée de spécificité climatérique.

En laissant ouverte la question : si le climat par lui-même peut agir sur l'agent morbide, nous pouvons affirmer que le changement de climat sera d'une grande utilité pour le malade. Nous lui évitons les dangers qu'il courrait sans changement de climat et nous le mettons à même de développer toute l'énergie pour combattre le principe morbide.

La climatothérapie ainsi envisagée n'est autre chose que l'hygiène dans la plus grande acception de ce mot, avec la différence que l'hygiène proprement dite recherche les conditions artificielles qui seraient normales pour le fonctionnement régulier de l'organisme sain, et que la climatothérapie a pour but de rechercher les conditions climatériques qui seraient normales par rapport à l'organisme malade.

Ainsi, nous avons mis en jeu l'action physiologique des éléments climatériques, et la logique aussi bien que les faits nous prouvent que cette action physiologique suffit pour rendre de grands services dans les différents cas où on a ordinairement recours à la force médicatrice d'un climat quelconque. Il est admis que la guérison survient à la suite d'une lutte engagée entre l'organisme et l'agent morbide. Cette idée, qui n'était avant qu'une hypothèse géniale, a trouvé dans la découverte des microbes et le curieux phénomène de phagocytose une preuve éclatante, et nous pouvons dire que la force curative de la nature est une réalité. La thérapie a par conséquent pour but ce double rôle : agir directement sur l'agent morbide et favoriser l'organisme dans la bataille qu'il livre à cet agent. La climatothérapie remplit cette dernière condition.

Elle réserve à l'organisme toutes ses forces pour la lutte suprême. Elle ne combat pas l'ennemi comme un auxiliaire actif, mais elle paralyse les agissements de ses alliés. Les intempéries, le froid, l'humidité, les vents, tous ces éléments climatériques, en sollicitant les réactions de la part de l'organisme, l'affaiblissent, diminuent d'autant l'énergie qu'il développe pour se défendre contre l'ennemi principal, et souvent, toujours presque, l'issue de la bataille dépend de ces alliés, qui ne tuent pas eux-mêmes, mais qui nous livrent sans défense à celui qui tue.

Souvent un phtisique en voie de guérison périt à la suite d'un refroidissement, et ce n'est pas le climat qui l'a tué; mais c'est grâce au climat que l'organisme n'a pas pu soutenir la lutte victorieuse à son début. Ainsi l'action purement physiologique du climat explique parfaitement l'amélioration notable survenue à la suite d'un séjour dans une localité au climat approprié.

Jusqu'ici, en restant sur le terrain scientifique, en apportant dans l'interprétation des faits thérapeutiques les données acquises et irréfutables, nous pouvons chercher un climat thérapeutique en procédant selon les règles connues, méthodiquement. Voilà la grande différence entre la climatothérapie moderne telle qu'elle doit être et la climatothérapie vulgaire, banale. La première est une méthode, la seconde est une hypothèse née de deux facteurs: 1° fausse interprétation des faits vrais en eux-mêmes; 2° manque d'investigation réellement scientifique.

En nous servant des idées émises sur la climatothérapie telle que nous la comprenons, nous rechercherons dans un climat des conditions pouvant assurer à l'organisme souffrant le fonctionnement régulier autant que possible. Bien autrement agit la climatothérapie vulgaire.

Elle cherche la spécificité du climat, et puisqu'elle ne sait pas dans quel élément se cache cette action spécifique, elle procède forcément par tâtonnements. Elle constate par exemple que la phtisie est rare dans une localité et que, d'autre part, les phtisiques qui y ont passé quelque temps ont subi une amélioration notable, et elle conclut de cela que la localité présente une immunité contre l'invasion de la phtisie, et que, par conséquent, le climat est spécifique. C'est ainsi qu'est née la légende qui a fait pendant longtemps de Nice la terre promise des tuberculeux. De nombreux mécomptes sont venus pourtant battre en brèche la spécificité du climat de Nice; mais on ne s'arrête pas si facilement sur une fausse voie. On a voulu spécifier les formes de la maladie qui sont justiciables du climat spécifique. On disait : c'est vrai, le climat de Nice ne guérit pas toutes les formes de la phtisie, parce qu'il n'est spécifique que pour telle ou telle modalité. Et on s'est mis à classer les climats spécifiques, et on a donné des classifications aussi baroques que fantaisistes, classifications basées la plupart du temps sur le bon vouloir de leurs auteurs.

Ainsi, suivant Champouillon, la forme et l'étiologie particulières de la phtisie que l'on a à traiter indiquent le choix de la station et l'époque de l'année où elle peut être fréquentée. De telle sorte que Nice, Cannes et plusieurs autres points sont spécifiques contre la disposition héréditaire à la phtisie, poitrine faible, tandis que la phtisie chez les sujets lymphatiques ou scrofuleux (??) est justiciable du climat de Venise, Sorrente, Cannes, etc., etc. (octobre et novembre exceptés). La vérité est que la phtisie peut guérir, et elle guérissait souvent dans ces climats doux, tandis qu'elle ne guérit jamais dans des climats froids, humides; mais la vérité est aussi que la guérison survenait non pas grâce à la vertu de la prétendue spécificité. L'organisme, qui puise en lui-même, dans sa force vitale, le remède, a pu redoubler de vigueur dans cette lutte contre l'agent morbide, ayant été mis dans les conditions où les influences extérieures ne venaient plus solliciter de lui des efforts ayant pour but de rétablir les rapports entre l'ensemble des conditions extérieures et la vie de l'organisme, et pour effet de le priver d'une partie de l'énergie qu'il emploie pour combattre l'agent morbide. Et cela est tellement vrai que si, en prenant en considération l'influence physiologique des divers éléments constituant un climat sur les fonctions de l'organisme et la connaissance approfondie des altérations qu'ont subies certaines fonctions, nous arrivons à rétablir l'équilibre rompu artificiellement, sans avoir recours à un climat, le résultat sera sensiblement le même. En traitant des *sanatoria*, nous parlerons plus amplement sur cette question. Il nous semble qu'à l'aide de tout ce qui précède nous pouvons déduire quelles maladies sont justiciables du traitement par le climat, et quel climat est indiqué dans les différents cas.

La climatothérapie, comme nous l'avons vu, ne peut pas s'adresser à une entité morbide quelconque, le climat n'ayant aucune action spécifique. Elle a pour but de créer pour l'organisme en souffrance un milieu qui serait normal par rapport à sa nouvelle façon d'être. Par conséquent la climatothérapie ne saurait en aucune façon exclure d'autres agents médicamenteux dont elle peut favoriser l'action, mais qu'elle ne peut nullement remplacer.

Cette manière d'envisager la méthode, nous permet d'élargir son application, et les indications deviennent plus fréquentes. En effet, une fois que nous ne cherchons plus à agir directement sur l'agent morbide en ne nous adressant qu'aux changements dans les fonctions, nous pouvons appliquer la climatothérapie chaque fois quand l'organisme se trouve affaibli, quand une de ses grandes fonctions n'est plus en rapport avec d'autres, quand en un mot l'équilibre est rompu.

Parmi les idées nouvelles qui règnent dans la médecine moderne, la plus salutaire peut-être est celle qui dit que si nous ne pouvons pas encore guérir bien des maladies, nous pouvons prévenir leur éclosion. Dans le domaine des maladies infectieuses et épidémiques, on a fait certainement merveille. Grâce à l'hygiène appropriée, nous sommes parvenus à prévenir l'éclosion de la fièvre typhoïde et du choléra, et encore en ce moment, malgré le voisinage du foyer de ce fléau terrible, nous vivons en sécurité parfaite grâce aux mesures hygiéniques prudentes.

Malheureusement on n'en a pas fait autant pour un autre fléau qui, sans présenter les allures terrifiantes des épidémies, ravage l'humanité d'une façon beaucoup plus terrible, et qui, loin de diminuer avec le progrès de la civilisation, gagne du terrain tous les jours ; nous parlons de la tuberculose sous toutes ses formes.

Depuis les travaux modernes, qui ont singulièrement élargi le domaine de cette maladie en y faisant comprendre la scrofule et les différentes affections osseuses, nous sommes en droit de dire que cette maladie est une véritable calamité publique pouvant avoir de funestes résultats pour un peuple qui ne prendra pas des mesures énergiques afin d'enrayer un mal pire que la plus terrible invasion.

Il faut donc faire pour la tuberculose ce qu'on a fait pour nombre de maladies épidémiques ; il faut prévenir son éclosion, et par conséquent il faut traiter l'état de l'organisme créant la possibilité de l'éclosion de ce mal. Cet état, c'est la misère physiologique si magistralement décrite par le professeur Bouchardat dans son *Traité d'hygiène publique et privée*.

Nous rapportons ici textuellement le passage où le maître caractérise la misère physiologique :

« La misère physiologique est une maladie innomée par les pathologistes, ou plutôt une *imminence morbide*, et c'est l'imminence morbide la plus redoutable si l'on a égard au nombre de ses victimes et aux dangers auxquels elle expose. C'est une forme de l'anémie des auteurs ; mais l'anémie vraie est surtout caractérisée par la diminution des globules du sang. Dans la misère physiologique, les globules sanguins ne sont pas plus atteints que les autres organes essentiels à la vie, qui éprouvent tous une notable diminution, qui s'accentue surtout pour les organes qui président ou qui servent à la nutrition et à la locomotion. Les ressources de résistance sont diminuées ; elles sont amoindries pour la quantité absolue et pour la qualité relative, quand le besoin de réaction survient.

« Il n'est pas facile de caractériser la misère physiologique par les changements qui surviennent dans des organes ; il est plus aisé d'indiquer les modifications qui se montrent dans les principales fonctions du grand appareil de la nutrition.

« Le fait général le plus constant dans la misère physiologique déterminée par les privations, c'est la diminution de volume, de poids des organes qui fournissent les ferments, qui préparent, qui mettent en réserve les matériaux alimentaires de calorification. La percussion, déterminant le volume du foie, de la rate et du pancréas, peut fournir de précieuses indications. L'état général dans la misère physiologique présente les modifications suivantes : le poids absolu du corps est diminué, sauf le cas d'appauvrissement général déterminé par inertie ; l'insuffisance de dépense est dans cette compatibilité avec l'obésité ; les forces sont diminuées ; on observe souvent de la pâleur, mais elle n'est pas constante et est moins manifeste que dans l'anémie. Du côté des appareils de la nutrition, le foie, le pancréas, la rate, sont moindris, surtout dans la misère physiologique ayant la privation pour cause ; l'appétit est irrégulier, il existe souvent de la dyspepsie avec aigreurs et vomituritions.

« Pour ce qui a trait à la circulation, le pouls est petit, mou, dépressible ; on observe assez fréquemment le bruit de souffle, quelquefois de l'œdème aux extrémités inférieures. Du côté de l'appareil respiratoire, on peut noter une dilatation incomplète des poumons, surtout au sommet. Les excrétions diminuent, en ce qui a trait surtout à l'acide carbonique, à la vapeur d'eau éliminés par les poumons. L'urine augmente en quantité, la densité descend souvent au-dessous de la densité normale. La proportion des principes fixes diminue ; la peau est sèche, froide, aride, les fonctions sont amoindries, son refroidissement se prononce sous l'influence de causes peu puissantes ; la réaction est difficile, irrégulière.

« Le *système nerveux* est excitable ; on remarque des alternatives d'exaltation et d'oppression ; mais la paresse et la torpeur sont habituelles. La menstruation est irrégulière ; on observe ou de l'aménorrhée ou des pertes qui contribuent encore à diminuer les forces.

« La véritable caractéristique de la misère physiologique, c'est la diminution continue dans la production de l'acide carbonique et de l'urée éliminés dans les vingt-quatre heures, eu égard à l'âge, au poids vif, aux besoins de l'organisation. Il y a moins de charbon à brûler, moins de chaleur et de sources produites. La diminution continue de ces grands résidus provient soit du défaut de quantité des matériaux de calorification, soit de leur dépense insuffisante par le fait d'une continuité d'inertie qui réduit la quantité d'oxygène introduit dans le sang.

« Et plus loin, M. Bouchardat, après avoir étudié les causes de la misère physiologique qu'on peut résumer en deux mots : pauvreté et mauvaise hygiène, conclut : « Je crois avoir péremptoirement démontré que la misère du pauvre conduisait sûrement à la misère physiologique. Quand ce dernier état de l'économie s'est accentué, si la condition de continuité à l'âge de prédilection est remplie, la phtisie pulmonaire se déclare fatalement. »

Voilà une immunité morbide, qui certainement transforme l'organisme tout entier en un *locus minoris resistentiæ* et qui conduit fatalement à la plus grande maladie, la phtisie pulmonaire. Cet état est produit par une mauvaise hygiène dans la plus large acception de ce mot. Le climat (cause extérieure), la mauvaise nourriture, manque d'exercice avec une nourriture substantielle conduisent à la misère physiologique. Par conséquent, c'est aussi bien la maladie du pauvre que du riche, et ses victimes se recrutent sur toutes les marches de l'échelle sociale.

Nous pensons que la climatothérapie doit avoir une large application dans le traitement de la misère physiologique, nous pensons même qu'un climat approprié est une condition nécessaire pour bien traiter cet état. En effet, le plus grand danger de la misère physiologique, c'est l'extrême facilité de refroidissement, et en second lieu c'est l'anorexie. Il faut, par conséquent, mettre l'organisme dans les conditions climatériques présentant le minimum de variation, avec une température assez élevée, pour suppléer la calorigénèse affaiblie et en même temps pas trop haute pour que l'excès de chaleur, ayant l'action dépressive, ne vienne affaiblir l'organisme dont toutes les fonctions sont déjà en diminution. Cette indication est une déduction logique de l'action connue des différents éléments du climat et de la connaissance du caractère de la maladie. Certainement le climat n'agit ici comme médicament spécifique, et la médication curative est absolument nécessaire ; le climat n'est ici qu'un adjuvant, mais un adjuvant dont l'absence peut, d'un côté, compromettre la guérison, et de l'autre côté la vie, dans des conditions climatériques contre-indiquées, présente de nombreux dangers de refroidissement pouvant être fatals.

Parmi les maladies qu'on pourrait mettre à côté de la misère physiologique, il faut compter les suites des maladies graves : fièvre typhoïde et l'état d'inanition survenu à la suite de longues suppurations.

Toutes ces causes produisent un état d'organisme qui est essentiellement caractérisé par l'abaissement de ses fonctions normales, et les traits principaux, c'est la faible réaction contre les variations externes, et souvent l'anorexie. Dans tous les cas, un climat approprié est, selon nous, la condition nécessaire de guérison, et nous avons la certitude que nombre de suites de la fièvre typhoïde pourraient être conjurées si l'on avait sollicité le concours d'une climatothérapie intelligente.

En parlant des diverses maladies justiciables de la climatothérapie, nous ne saurions passer sous silence la scrofule. Depuis qu'il est prouvé que cette maladie n'est autre chose que la manifestation de la tuberculose qui mène plus ou moins tard à la phtisie pulmonaire, les mêmes indications doivent être appliquées dans les deux cas.

Quelles que soient les manifestations extérieures de la scrofule, engorgements, ostéites, etc., nous nous trouvons en présence d'un organisme fortement affaibli dont les dépenses sont exagérées, dont les fonctions sont abaissées et dont la réaction contre les influences externes est amoindrie.

Depuis fort longtemps, on a recherché, pour combattre la scrofule, l'action des bains de mer, et on n'a pas tardé à douer l'air
maritime de qualités spécifiques. Les résultats heureux obtenus
par le séjour à proximité de la mer, à l'exclusion même de
la médication par les bains de mer, ont affermi les observateurs
dans cette idée.

Pourtant, si nous voulions nous rendre compte de cette action
bienfaisante en analysant l'air maritime, nous serions forcé de
lui refuser toute action spécifique par la seule raison qu'il ne
contient d'autres éléments que l'air ordinaire.

Nous empruntons à l'excellent ouvrage de M. le D' Cazin:
De l'influence des bains de mer sur la scrofule des enfants, les
détails suivants sur la composition de l'air marin.

« *Densité.* — La pression atmosphérique atteint au niveau des
plages son maximum. A Paris, la pression, par centimètre carré,
étant de 1,028 grammes, elle est, au bord de la mer, de 1,033 ;
par cette raison, on absorbe, dans le même nombre d'inspira-
tions, une plus grande quantité d'oxygène que sur le haut des
montagnes, car les quantités d'oxygène inhalées et d'acide carbonique exhalées, dit Michel Lévy, varient avec la pression
atmosphérique.

« La pression barométrique qui existe à la surface de la mer
varie dans des limites moins considérables qu'à la surface de la
terre. On est donc constamment soumis à la pression atmosphérique la plus élevée et la plus égale ; on subit en tout temps
l'influence tonique et hématosante de ce milieu éminemment
plastifiant.

« *Température.* — Toutes choses étant égales d'ailleurs, l'air
à haute pression est plus chaud qu'à la pression moindre dont
la température de l'atmosphère maritime est en général plus
constante que celles des continents, et les saisons tendent bien
davantage à s'égaliser. La chaleur de l'été y est plus tempérée ;
le froid y acquiert une moindre intensité en hiver. La température moyenne de Paris étant de 10°,7, celle de l'hiver de 3°,3
et de l'été 18°,1, celle des côtes de la Manche donne comme
moyenne 10°,9, 17°,6 pour l'été et 3°,95 pour l'hiver. Cette espèce
d'égalisation vient aussi de ce que le calorique s'accumule len-
tement dans la mer et qu'elle l'abandonne plus difficilement, ce

qui tient à la présence de ces éléments salins ou, en d'autres termes, à sa densité.

« *Vents et brises.* — L'air des mers, comme, d'ailleurs, celui des terres, n'est jamais dans un repos absolu. Il s'établit dans les couches plus ou moins élevées de l'atmosphère des courants qui y amènent le renouvellement incessant auquel on a reconnu une influence favorable. Ce renouvellement se montre à peu près périodiquement.

« Les calmes plats sont rares au bord de la mer; il s'ensuit que les brises chassent dans les poumons, comme le ferait un soufflet, comme le chalumeau, une quantité plus grande d'air et, par conséquent, une proportion plus forte d'oxygène. Ces courants atmosphériques ont encore une autre action que Gaudet avait déjà entrevue et que Beucke a établie par des expériences entreprises en 1872 dans l'île de Norderney d'une part et sur les montagnes de la Suisse de l'autre.

« A l'aide d'une bouteille remplie d'eau chaude de température connue, il montra que la perte de chaleur est plus rapide au bord de la mer, grâce aux courants d'airs, que dans l'intérieur des terres et dans les altitudes élevées, à température atmosphérique égale. De même, le calorique s'épuise plus vite en plein air que dans l'intérieur d'un appartement non chauffé et ayant la même chaleur que l'air extérieur.

« Cet effet paraît aussi être attribué à la différence des densités de l'air maritime et de l'air des montagnes; l'air raréfié des montagnes conduirait moins bien la chaleur que l'air plus dense du bord de la mer. Or, ajoute-t-il, plus le corps perd de chaleur en un temps donné, plus les échanges nutritifs y sont accélérés. L'organisme est forcé de remplacer la chaleur perdue par une oxydation respiratoire plus puissante; en d'autres termes, l'intensité du mouvement de nutrition est en accélération intime avec l'intensité de la déperdition de chaleur. La conséquence de cette proposition est que l'air marin active bien plus la nutrition que l'air des montagnes, et qu'il est le modificateur hygiénique le plus puissant.

« *Humidité.* — L'échange continuel qui s'opère entre la mer et l'air qui la recouvre y introduit une grande quantité de vapeur d'eau. L'atmosphère y est donc d'une façon générale plus humide que celle qui s'étend au-dessus des terres, mais elle n'est jamais saturée d'autant d'humidité qu'on pourrait s'y attendre; c'est que, si je puis m'exprimer ainsi, c'est une humidité en mouvement; les courants aériens ne rencontrant pas d'obstacle comme sur le sol répartissent plus uniformément cette vapeur d'eau. Le brouillard, dans les climats tempérés, y est très rare; celui qu'on observe au-dessus des marais et des lacs tient à l'immobilité relative des couches atmosphériques maintenues par les montagnes et les vallées voisines. Il vient aussi de ce que l'eau douce dégage plus de vapeur que l'eau salée. Au bord de la mer l'eau est moins vaporisée que pulvérisée.

« *Constitution chimique.* —La composition (chimique) de l'air marin est, à très peu de choses près, la même que celle des continents; les différences que l'on a remarquées dans les proportions réciproques de l'oxygène, de l'azote et de l'acide carbonique sont insignifiantes. Mais si les proportions des gaz ne changent guère, une des modifications de l'oxygène s'y présente avec une prépondérance marquée, je veux parler de l'ozone ou oxygène naissant, oxygène électrisé.

« Quoique cette question de météorologie maritime appelle encore de nouvelles recherches, il résulte pourtant des travaux de Schœnbein, de l'amiral Fitz-Roy, de Scouttetten, Jensen, Mitchell, Jacolot, Zaudyek et Dutroulau, que les observations ozonométriques donnent des chiffres plus élevés sur le rivage même qu'en deçà et au delà, du côté des terres ou du côté de la mer.

« Le *chlorure de sodium* existe dans l'atmosphère des côtes jusqu'à une distance variable, suivant l'état d'agitation ou de tranquillité de la masse liquide, mais d'au moins cinq cents mètres, dans des proportions décroissantes avec l'éloignement de la mer et jusqu'à une hauteur de soixante mètres environ. Lorsqu'on parle des propriétés salines d'air marin, il ne peut être question que des gouttelettes imperceptibles d'eau de mer, véritable poussière aqueuse que le vent ou la brise saisit à la crête des vagues et qu'il divise à l'infini. Dans certaines stations thermales, on pulvérise l'eau à l'aide d'appareils spéciaux; sur la plage, la nature se charge de fournir gratis de l'eau chlorurée à l'état vésiculaire. Si nous ajoutons que l'air marin est le plus pur, exempt de ces émanations qui vicient l'atmosphère terrestre, nous aurons une idée complète sur lui. »

Il résulte de tout ce qui précède que l'air marin possède au plus haut degré les propriétés d'un air salubre, et si on élimine l'action spécifique, très problématique d'ailleurs, sur la scrofule, nous pouvons faire entrer la cure par air maritime dans le domaine de la climatothérapie générale. Par conséquent, en cherchant les bienfaits d'un air maritime, nous ne devons pas oublier que nous ne recherchons qu'un élément du climat, et qu'il serait illogique de ne pas chercher d'autres éléments dont l'ensemble constituerait un climat indiqué. Voilà pourquoi, selon nous, on ne doit pas envoyer un malade aux bains de mer sans avoir consulté minutieusement le régime climatérique régnant sur la plage. M. Jules Simon, en prescrivant le séjour au bord de la mer, distingue avec soin le régime climatérique.

En résumé, l'air maritime, comme l'air de la campagne, comme l'air pur en général, mais au degré plus grand, imprime une suractivité aux fonctions de l'hématose et de l'innervation.

Il est désirable qu'en choisissant les endroits pour y construire des hôpitaux analogues à celui de Berk, on prenne en considération les conditions climatériques, parce que, si même les bains de mer ont réellement une action spécifique sur la scrofule, les indications de la climatothérapie restent néanmoins en vigueur, et l'association de ces deux éléments ne saurait manquer de fournir des résultats autrement brillants que ceux qu'on obtient en ce moment, en négligeant le climat pour ne chercher que l'action spécifique de la mer et de l'air maritime.

CHAPITRE III

SANATORIA

Idées nouvelles sur le traitement de la phtisie sans la préoccupation du climat.

La phtisie pulmonaire a été surtout traitée par le climat, et on peut dire que la climatothérapie n'était, jusqu'ici, qu'une branche de la phtisiothérapie. C'est par rapport à cette maladie qu'on a imaginé les spécificités climatériques, et c'est aussi par rapport à cette maladie que les chercheurs, frappés par l'inconstance des résultats obtenus par les nombreuses stations en vogue, ont battu en brèche les spécificités climatériques et, en se basant sur les nouvelles données étiologiques, ont jeté des bases de la phtisiothérapie nouvelle, qui fait bon marché des climats pour s'appesantir surtout sur l'hygiène et les qualités de l'air pur.

En 1854, Brehmer formula sa méthode, qui consiste essentiellement dans le séjour au grand air, dans une diététique appropriée jointe à l'hydrothérapie. Mais pour que ce traitement fût efficace, il fallait qu'il fût rigoureusement suivi, ponctuellement exécuté. Il fallait donc soumettre le malade à une surveillance continue, incessante, à un contrôle sévère. Or, comme cette surveillance ne peut avoir lieu que dans un établissement fermé, Brehmer formula sa méthode de la façon suivante : *Établissement fermé, exclusivement réservé aux phtisiques, avec surveillance et soins médicaux constants, situé dans une contrée abritée, jouissant de l'immunité phtisique.*

Pour être juste, il faut dire que si Brehmer a eu le mérite d'ériger en méthode le traitement hygiénique de la phtisie, le premier qui a eu la conception de cette application de l'hygiène fut Bennet. Frappé des mauvais résultats du traitement de la phtisie par les saignées et la diète blanche, traitement inauguré sous l'influence de la doctrine inflammatoire de Broussais, se voyant mourir lui-même, grâce à cette indication mortelle, Bennet s'écria : « Ce qu'il faut au phtisique, c'est le grand air, c'est une nourriture fortifiante, c'est l'alcool, c'est l'eau froide. Toute la phtisiothérapie de Brehmer et de ses élèves est là. » Mais il ne s'agit pas d'énoncer une vérité, le principal est de l'appliquer, et cet honneur revient à Brehmer. Il faut ajouter néanmoins que Brehmer lui-même n'était pas exempt de la foi dans les spécificités climatériques ; une des conditions nécessaires pour l'inauguration de son sanatorium, c'est l'endroit jouissant de l'immunité contre la phtisie. Voilà les raisons sur lesquelles s'appuie Brehmer pour édifier sa théorie de l'immunité : « Il est rationnel, dit-il, de traiter une maladie chronique dans les conditions qui empêchent son développement, c'est-à-dire dans un endroit dont les habitants sont exempts de phtisie, parce que les conditions de raréfaction de l'air sont telles qu'elles maintiennent l'harmonie entre les proportions du cœur et des poumons. »

Dettweiler, continuateur de Brehmer, a dégagé la méthode de cette idée d'immunité et l'emploie dans son établissement dans toute sa pureté, ne recherchant que l'action de l'air libre et de l'hygiène. Au dernier congrès de Wiesbaden, il s'est exprimé ainsi sur sa méthode : « Ce ne sont nullement les qualités spécifiques de l'air auxquelles nous sommes redevables d'un effet favorable dans la phtisie.

« Mon établissement n'est pas situé dans un endroit d'immunité. On n'y vient pas pour le climat, mais pour la cure, et j'ai 25 0/0 de guérisons définitives et 27 0/0 de guérisons relatives. La méthode serait depuis longtemps abandonnée si elle ne donnait de résultats. »

Les résultats obtenus par Dettweiler sont vraiment remarquables, et la méthode, loin d'être abandonnée, gagne du terrain tous les jours.

Les principaux établissements où la méthode est appliquée avec toute la rigueur, suivant les indications de Dettweiler, sont les suivants : Görbersdof, en Silésie, inauguré par Brehmer lui-même ; Falkenstein dans le Taunus, près de Francfort, dirigé par Dettweiler ; Reiholdsgrün dans l'Erzegebürge saxon, près de Dresde, dirigé par Driver.

Neu-Schmeks, dans les Carpathes, en Hongrie, dirigé par Szontagh, et le petit établissement du D' Haufe à Saint-Blazien, dans la Forêt-Noire. Le traitement hygiéno-diététique de la phtisie, fait abstraction complète de tous les agents spécifiques ; il repose sur une conception de la maladie d'après laquelle l'organisme puise dans sa force vitale les moyens pour combattre l'agent morbide, et le rôle du médecin se borne à lui venir en aide dans tous les points où il est menacé. Cette méthode a reçu sa consécration scientifique dans la découverte du bacille.

Dès que le bacille a pénétré dans l'organisme, la lutte entre lui et ce dernier est engagée. La méthode hygiéno-diététique a donc pour but de faciliter la lutte pour l'organisme, de le mettre à l'abri d'attaques, de créer pour lui un milieu artificiel dans lequel ses fonctions vitales s'accompliraient avec le maximum d'énergie. Nous empruntons dans l'ouvrage du D' Dettweiller, *Traitement hygiénique de la phtisie*, le passage qui, ayant trait aux désordres produits par la phtisie, trouve dans ces désordres mêmes la consécration de la méthode.

Le phtisique est frappé avant tout dans ses poumons, et les échanges des gaz se font mal ; le champ respiratoire est rétréci, et il faut, par conséquent, faire le plus d'ouvrage possible aux parties des poumons restés sains, et puisque la quantité d'air pénétré dans les poumons à chaque inspiration est moindre, il faut que la qualité soit supérieure. Conclusion : séjour autant que possible à l'air libre. Mais il faut réglementer l'usage de cet agent puissant ; car l'abus produit une sorte d'ivresse caractérisée par une fatigue générale, des vertiges, un sommeil agité. Il faut subir un certain acclimatement, et le malade ne saurait se passer des conseils éclairés, d'une surveillance sévère. Il faut, de plus, faire l'éducation morale du malade ; il faut, tout en lui expliquant la gravité de son état, lui donner confiance dans la guérison et en faire ainsi un auxiliaire utile.

Rien n'est plus susceptible que le phtisique aux changements extérieurs de la température les plus légers. Il ne suffit donc pas de le mettre à l'abri de ces changements, parce que le but n'est pas d'en faire une plante exotique qui ne peut vivre que dans une atmosphère artificielle ; au contraire, il faut le rendre apte à la vie commune et, par conséquent, il est nécessaire de l'aguerrir contre les changements. Les promenades, l'usage de l'eau (hydrothérapie), la nourriture, tout doit être réglé avec les modificalions en rapport avec les différences individuelles. De plus, il faut prévenir la pénétration du bacille dans les poumons des malades qui cohabitent, et, pour cela, un établissement fermé, construit suivant un certain plan, dirigé par un médecin très familier avec la méthode, est absolument indispensable.

Nous croyons inutile de donner ici la description de l'établissement Falkenstein, cela n'irait pas avec le but de notre travail; nous pouvons dire seulement que rien n'était omis dans la construction, et en lisant la description on reste en admiration devant cette œuvre où la patience et la science se sont unies pour bâtir un monument digne de la grande tâche qu'il doit accomplir.

Si nous faisons la comparaison entre la méthode nouvelle, si éloquemment défendue par Dettweiller et les méthodes de la climatothérapie spécifique, nous ne douterons pas un moment pour nous ranger du côté de la première.

Autant que la première est claire, logique, en concordance complète avec l'étiologie et la conception vraie de la façon dont se comporte l'organisme envers l'agent morbide, autant l'autre est embrouillée, indécise, changeante, capricieuse dans le choix des conditions devant agir spécifiquement sur la maladie.

En effet, jetons un regard rétrospectif sur les indications de la climatothérapie vulgaire, et nous serons forcés de constater que jamais peut-être le manque de méthode et de précision ne s'est fait sentir d'une façon plus frappante.

A ce sujet, voici comment s'exprime M. le Dr Frémy, dans sa communication faite au congrès de la tuberculose :

« Dans la climatothérapie de la phtisie, on a toujours été dominé par la recherche du spécifique. Autrefois, c'était l'élévation de la température qui jouait le rôle de modificateur par excellence, à telle enseigne qu'envoyer un malade dans le Midi équivalait à un diagnostic positif. Et on faisait traverser les mers aux phtisiques pour aller chercher en Algérie, en Egypte, à Madère cet air spécifique. »

Maintenant on fait bon marché des climats chauds et tempérés. Sée espère que bientôt vont prendre fin ces divisions byzantines à propos des climats, et que l'on n'enverra plus le phtisique du pôle à l'équateur. Jaccoud avoue que les climats n'ont aucune action curative sur le tubercule, et il ajoute, en parlant des climats à pression moyenne, c'est-à-dire des stations basses de la Suisse, du Tyrol, de l'Autriche, les stations du midi de la France, de l'Italie, de la Grèce, de l'Espagne, du Portugal, à quoi il faut ajouter Madère, les Canaries, l'Algérie, le Maroc, l'Egypte, que non seulement cette action est toujours inférieure à celle des altitudes, mais qu'elle est souvent nulle. Bien plus, dit cet auteur, c'est fréquemment un effet directement opposé qui est produit. Peter réfute aussi à la température et à l'air une action spécifique sur le tubercule.

Ainsi nous voyons les savants les plus autorisés refuser à la chaleur toute action bienfaisante; mais dans la recherche du spécifique, on n'a pas tardé de doter le *froid, l'air raréfié* des qualités dont jouissaient avant les températures. Ainsi le professeur Jaccoud dit : « L'altitude a une action tellement modificatrice qu'elle peut être dite curative. » Ainsi le spécifique est déplacé, s'écrie le D⊏ Frémy, et voici venir le tour des altitudes.

On a étudié les effets de la diminution de la pression atmosphérique sur l'organisme, et ces recherches ont eu la bonne fortune de contenter tout le monde.

Ceux qui préconisent la diète respiratoire par la diminution de la quantité d'oxygène ;

Ceux qui demandent une action générale sur la nutrition ; l'influence des hautes altitudes déterminant une simulation de toutes les fonctions ;

Ceux qui veulent l'air aseptique aussi bien que ceux qui réclament le froid.

On ne peut pas contester que Davos, qui est la station d'altitude très à la mode, donne de bons résultats, comme en donnent Nice, Cannes, Madère, etc. Mais ces résultats, ces cures ne sont nullement dus à l'action spécifique des altitudes.

D'abord, il n'est nullement prouvé que le microbe soit si incommodé que cela par un changement de pression.

La preuve d'immunité des altitudes qu'on veut tirer de ce fait que les villes situées dans les Andes à des hauteurs dépassant 2,000 mètres ne présentent que rarement des cas de phtisie est plutôt apparente que réelle.

Encore Foussagrives, en critiquant le rapport du Jourdannel, s'exprime ainsi sur cette question : « L'absence des phtisiques indique en effet, ou que la phtisie y est rare, ou que le climat y dévore les phtisiques. »

3

Supposons un instant que l'habitation des hauts plateaux soit meurtrière pour les tuberculeux ; tous ceux qui y ont afflué à une certaine époque auront disparu, et la population pourra, par cette épuration énergique, arriver à une immunité apparente ; elle sera épargnée, parce que la mort aura ét·int l'hérédité ; mais que des phtisiques du dehors viennent s'y établir, ils seront, je le crains bien, passés au crible comme les premiers. D'ailleurs, l'absence d'une maladie dans un endroit ne peut nullement servir de preuve de l'immunité de cet endroit contre cette maladie.

Il suffit que, par un hasard, l'endroit soit prémuni contre l'invasion du microbe pour que la maladie engendrée par cet agent ne s'y montre point. Mais introduisez-y le microbe et seulement après avoir constaté qu'il perdra la qualité d'engendrer la maladie, on aura le droit d'attribuer cette faiblesse de l'agent morbide à l'action du climat, et encore il ne faut pas perdre de vue l'influence de la race et les conditions de la vie. Jusqu'à nouvel ordre, nous devons refuser aux altitudes l'action spécifique sur la phtisie, et les cas de guérison doivent être attribués au *vis curatori naturæ*, aidé dans quelques cas particuliers des conditions climatériques ou plutôt telluriques, comme la pureté d'air, qui joue un si grand rôle dans la cure de la phtisie, mettant les poumons malades à l'abri des microbes et en excitant l'appétit, condition de première importance pour le phtisique.

D'ailleurs, les contre-indications des endroits élevés sont nombreuses, si nombreuses que nous ne craignons pas de dire que si même les altitudes possédaient réellement l'action spécifique qu'on leur attribue, la nécessité de chercher une méthode de cure de la phtisie resterait pressante.

Nous voyons donc que les préceptes de la climatothérapie spécifique sont très nombreux et qu'ils changent suivant les médecins. Tel maître des plus autorisés préconise le climat chaud, tel autre, non moins autorisé, penche pour le climat froid, et tous invoquent des cas de guérison.

Pour expliquer les mécomptes qui se rencontrent dans tous les climats *spécifiques*, on a fait nombre de divisions de la maladie, on a doté les climats de qualités imaginaires, on a multiplié les formes de la phtisie *ad infinitum*, et dans cette course folle vers le mystérieux on a négligé et on néglige encore maintenant les moyens qui se trouvent entre nos mains. Il est étonnant de voir souvent avec quelle légèreté on confie le phtisique, l'être le plus capricieux, le plus inconstant à lui-même. Comment n'a-t-on pas compris qu'envoyer un malade dont les poumons sont essentiellement aptes à cultiver le bacille vivre dans une chambre d'hôtel qui a été occupée par plusieurs générations de phtisiques n'est nullement de bonne médecine ?

Comment n'a-t-on pas compris que les voyages incessants, les changements des stations hivernales contre les stations estivales, ces pérégrinations continuelles ne sont point faites pour fortifier l'organisme souffrant dans tous ses essors !

En raison de tout cela, nous nous élevons résolument contre la climatothérapie comme on la pratique encore maintenant, et nous nous rallions à la thérapeutique hygiénique. Pourtant nous faisons quelques réserves.

En analysant la méthode des hygiénistes (Kretmer, Dettweiler, Frémy), nous ne comprenons point cette exclusion du climat. On a raison de combattre la spécificité climatérique comme une hypothèse qui n'a jamais été prouvée, mais on ne peut pas nier l'influence physiologique du climat.

Nous avons vu dans la partie de notre travail qui a trait à la climatologie générale que le climat est un grand modificateur de la vie humaine, que tous ses éléments ont une action puissante sur diverses fonctions de notre organisme, et que si l'expression un bon climat n'a aucune valeur thérapeutique du point de vue de spécificité de son action sur tel ou tel agent morbide, cette même expression a, au point de vue hygiénique, une valeur incontestable.

Le Dr Dettweiler parle d'aguerrir ses malades, et nous pensons que cet aguerrissement est très possible et très utile, mais à la condition de ne pas dépasser certaines limites.

Nous comprenons difficilement quelle est la nécessité d'exposer le phtisique, l'être éminemment frileux et sujet aux refroidissements, à une température au-dessous de 10 et 12 degrés. « Nous sommes devenus, dit M. Dettweiler, hardis pendant les hivers de 1881, 1882, 1883 ; de sorte que tous les malades, sauf ceux qui sont confinés à la chambre par quelque incident intercurrent, vivent presque toujours en plein air par tous les temps, même avec des brouillards épais, des bourrasques de neige et avec un froid de 10 à 12 degrés au-dessous de zéro. » Nous n'oserions jamais exposer nos malades à une telle épreuve, et il nous semble que tout ce que nous savons sur la phtisie et sur l'influence des climats sur l'organisme s'oppose formellement à une telle façon d'agir.

La méthode de Dettweiler, très vraie, très logique, est certainement la meilleure que nous possédons dans le domaine de la phtisiothérapie ; mais comme chaque nouvelle conception, elle a dépassé le but, en reniant avec ce qui est faux et hypothétique aussi ce qui est vrai.

On ne saurait nier l'action bienfaisante et malfaisante du climat, et, par conséquent, on ne saurait avec assez de persévérance éviter les uns et rechercher les autres.

Selon nous, en associant la climatothérapie exempte de ses erreurs à la méthode hygiénique, au traitement dans les établissements fermés, nous obtiendrions des résultats plus remarquables encore que ceux que nous donne en ce moment Dettweiler. L'idéal serait dans l'inauguration d'établissements pareils à celui de *Taunus*, dans un endroit ayant un bon climat, ni trop chaud, ni trop froid, avec des variations insensibles où le malade pourrait élire un séjour fixe.

La climatothérapie ainsi envisagée sera plus que la phtisiothérapie. En vertu de la vérité qu'il est plus facile de prévenir les maladies que les guérir, nous voudrions voir élever des sanatoria pour tous les cas où l'organisme en état de débilité présente le meilleur terrain pour l'invasion de la phtisie pulmonaire.

Dans le chapitre suivant, nous montrerons quel profit on pourrait tirer du climat dans certains points de la France en y appliquant la méthode de la cure à air libre.

CHAPITRE IV

DES CLIMATS COTIERS DE LA FRANCE
Au point de vue climatothérapique.

La question des sanatoria est aujourd'hui, nous l'avons dit plus haut, à l'ordre du jour, et l'on commence à s'en préoccuper en France, après s'être longtemps laissé distancer par l'étranger : il existe en ce moment, en Allemagne et en Autriche, un certain nombre d'établissements destinés au traitement spécial de la tuberculose ; chez nous, on s'est contenté de créer des hôpitaux surtout destinés aux enfants scrofuleux ; mais on peut dire que les sanatoria véritables, compris en tant qu'établissements créés pour permettre aux malades de la classe aisée de s'y soigner dans les meilleures conditions thérapeutiques, n'existent pas encore. Les tentatives qui ont été faites jusqu'ici ne présentent pas un caractère médical suffisant et représentant mieux l'adaptation d'un hôtel à un but thérapeutique que la construction d'un établissement conçu d'après les lois de l'hygiène thérapeutique moderne.

Nous envoyons nos scrofuleux, lymphatiques ou affaiblis, aux bains de mer ou aux eaux minérales ; nous dirigeons nos phtisiques vers le sud ou le sud-est de la France ou en Algérie, en Égypte ou à Madère ; mais on peut dire que là se bornent jusqu'ici nos tentatives de climatothérapie.

D'autre part, une opinion, que nous n'hésitons pas à qualifier d'erronée, tend à prendre un rang sérieux dans l'esprit de beaucoup d'hygiénistes ; nous voulons parler de l'opinion des médecins allemands et français, qui, nous le répétons, attachent assez peu d'importance au climat pour ne se fier qu'à la méthode de traitement employée dans les établissements aménagés sui-

TABLEAU I

PARIS

MOYENNES ANNUELLES, MENSUELLES ET SAISONNIÈRES DE DIX ANNÉES

Pluies et gelées.

ANNÉES	JANVIER	FÉVRIER	MARS	AVRIL	MAI	JUIN	JUILLET	AOÛT	SEPTEMBRE	OCTOBRE	NOVEMBRE	DÉCEMBRE	MOYENNE ANNUELLE	MOYENNES ÉTÉ	MOYENNES HIVER	PLUIE QUANTITÉ en millimètres	PLUIE jours	JOURS DE GRÊLE
1878	2°26	4°75	6°02	10°38	14°01	16°52	17°97	17°71	14°15	10°55	4°69	0°37	10°04	16°88	4°85	753,8	199	61
1880	-4,16	4,76	9,79	9,66	13,58	15,47	18,41	18,48	15,90	9,98	5,48	7,42	10,68	15,24	5,93	486,4	160	54
1881	1,98	4,49	7,72	9,28	12,96	15,01	20,14	16,64	13,70	7,91	8,35	2,24	9,81	16,50	6,91	564,4	187	63
1882	9,01	3,78	8,00	10,00	13,19	14,98	16,91	16,38	13,43	10,88	7,48	4,56	10,14	14,15	6,18	509,0	188	93
1883	8,95	8,04	2,71	8,88	18,81	16,25	16,61	17,74	14,52	7,48	3,99	4,15	9,98	14,63	5,36	570,9	177	55
1884	5,53	5,44	7,18	8,10	14,07	14,19	19,25	19,66	15,54	9,14	0,21	4,92	10,85	13,17	5,02	441,7	150	51
1885	-0,24	7,10	5,45	10,09	11,21	18,07	18,50	18,46	14,10	8,55	6,86	2,18	9,76	14,69	4,88	588,8	165	89
1886	2,21	1,18	5,97	10,47	14,47	15,18	18,30	17,05	16,82	12,28	8,85	2,96	10,31	15,48	5,14	660,1	188	73
1887	-0,22	9,10	3,43	8,23	11,38	17,39	19,38	17,30	12,73	6,67	5,03	9,39	8,81	14,28	3,92	497,2	150	98
1888	0,93	-0,09	3,34	7,47	13,34	16,35	15,70	16,40	14,56	7,89	8,18	3,18	8,96	13,97	3,83	542,3	165	79
Moyennes générales	1°657	3°961	5°900	9°314	13°165	16°037	18°114	17°483	14°545	9°356	6°249	3°411	9°583	15°110	5°044	860,16	172	65

N. B. — L'année 1879, dont les derniers mois ont été exceptionnellement froids, n'a point été prise afin de ne pas trop abaisser la moyenne générale.

vant les progrès les plus récents de l'hygiène, laissant même à un arrière-plan très éloigné la thérapeutique médicamenteuse.

Dans ces diverses tentatives, créations d'hôpitaux destinés aux strumeux, traitement des tuberculeux, il nous semble qu'on s'est laissé entraîner par des préoccupations un peu trop étroites, et qu'il y aurait beaucoup à dire sur les tentatives faites ou en voie d'exécution.

Nous acceptons volontiers l'opinion qui enlève aux climats toute valeur spécifique, mais nous sommes loin d'admettre qu'il suffise de construire un établissement n'importe où pour se mettre dans de bonnes conditions thérapeutiques.

Nous croyons que cette opinion, surtout allemande, tient à ce que, dans une intention fort louable, nos voisins d'outre-Rhin ont voulu soigner la tuberculose chez eux et ont ainsi été amenés à se contenter des ressources offertes par le pays. Mais, tout en croyant avec le docteur Dettweiler que l'action des climats est tout accessoire et nullement nécessaire pour arriver à détruire les parasites pulmonaires, nous sommes convaincu que, si l'Allemagne possédait, dans ses provinces, des points climatériques où la température soit douce et constante, elle y aurait installé, de préférence au Taunus, son bel établissement de Falkenstein.

Mais, d'autre part, diriger, comme on le fait, de malheureux malades, dont quelques-uns sont parfois seulement sous le coup d'une imminence morbide, vers le midi, sans se préoccuper d'un traitement, et souvent sans s'inquiéter du logement, nous paraît être à l'époque où nous sommes une erreur absolue de thérapeutique. Combien ces sujets, en effet, sont rendus plus malades par un séjour prolongé dans des chambres médiocrement installées, où presque toujours des générations de tuberculeux ont passé et laissé des légions de germes prêts à infecter de nouvelles victimes.

Il est bien évident pour nous que, si l'on veut se mettre dans de bonnes conditions thérapeutiques, il faut réunir, sans qu'il soit possible de les séparer, les notions de climat et de sanatoria.

Des établissements merveilleusement installés, avec toutes les applications de l'hygiène thérapeutique, dirigés par des médecins chargés de la surveillance des malades dans les moindres détails, depuis l'alimentation jusqu'au vêtement, établissements construits dans les régions les plus favorables, tel nous paraît être l'idéal.

Nous ne pensons pas devoir rencontrer beaucoup de contradicteurs sur ce point, mais la réalisation de ces conditions est assurément des plus difficiles à faire.

Nous laissons de côté la question d'établissement, que nous avons esquissée plus haut, pour nous attacher seulement au point climat. Mais, alors, quel est le climat idéal ?

Il n'y en a pas, car la perfection n'est pas de ce monde. Un climat parfait ne peut, en effet, se rencontrer que dans un pays où il n'y a pas de microbes, où ceux-ci ne rencontrent pas de bonnes conditions de développement, où il fait une température douce, sans extrêmes, où cette température est régulière, où ne souffle qu'une brise rafraîchissante, sans vent trop fort, où la lumière et le soleil sont répandus à profusion, tandis que des sources nombreuses imprègnent le sol pour l'empêcher d'être aride, sans que, pourtant, il y ait tendance au marécage.

Or, un climat pareil n'existe pas ; tous ont leurs avantages, mais tous ont leurs inconvénients. En France, on a l'habitude de considérer comme le meilleur et le plus agréable le climat de la région comprise entre Saint-Raphaël et Menton. Certes, s'il s'agit du printemps, c'est-à-dire de la saison qui commence en février pour finir en mai, la vie de cette zone du littoral méditerranéen est réellement paradisiaque ; la lumière dont le ciel est inondé, les fleurs qui égayent les haies et les jardins, la chaleur qui nous pénètre donnent à ce pays un caractère tout particulier, qui est des plus favorables, ne fût-ce que par l'effet moral, l'un des plus puissants facteurs sur l'homme malade. Mais l'été du Midi rend la région inhabitable, et l'hiver, de décembre à février, n'y est pas, le plus souvent, aussi doux qu'on voudrait bien le faire croire. De plus, on peut faire aux rives de la Méditerranée un reproche assez sérieux : c'est que l'ensemble des conditions climatériques qu'on y rencontre tend à déprimer l'individu. Autant l'effet sera à rechercher pour une nature excitable et trop active, autant il devra être considéré comme préjudiciable à un tempérament naturellement paresseux et mou, au moral comme au physique.

De plus, quand il s'agit d'hygiène, il ne faut pas considérer un seul but : le Midi est assurément, en France, le pays qui offre les conditions les plus favorables pour un séjour *momen-*

Tableau II

NICE-VILLE

MOYENNES MENSUELLES DE CINQ ANNÉES. MOYENNES SAISONNIÈRES
Pluies et gelées.

ANNÉES	JANVIER	FÉVRIER	MARS	AVRIL	MAI	JUIN	JUILLET	AOUT	SEPTEMBRE	OCTOBRE	NOVEMBRE	DÉCEMBRE	MOYENNES ANNUELLES	MOYENNES ÉTÉ	MOYENNES HIVER	PLUIE QUANTITÉ en millimètres	PLUIE jours	JOURS DE GELÉE
1878	6°,1	8°,1	9°,6	12°,6	16°,3	20°,3	23°,1	21°,8	17°,9	16°,1	9°,5	5°,6	13°,82	18°,66	9°,15	»	»	11
1879	8,1	8,9	9,7	12,6	13,3	19,6	20,9	22,7	19,5	15,1	9,3	4,6	13,78	18,10	9,29	»	»	»
1881	6,4	8,7	10,8	13,5	15,8	19,1	24,1	22,5	17,2	14,0	11,3	8,8	14,30	18,70	9,90	810,3	64	»
1882	7,8	8,2	11,0	12,9	16,2	20,1	21,7	20,8	17,0	14,6	11,0	9,1	14,18	16,28	10,25	613,7	51	24
1888	7,9	9,0	7,7	11,4	15,3	19,1	24,7	24,5	18,2	13,4	10,9	8,3	13,53	17,87	9,20	948,3	74	22
Moyennes générales	7°,22	8°,56	9°,76	12°,56	15°,38	19°,64	22°,30	21°,86	17°,96	14°,84	10°,40	6°,78	13°,92	17°,92	9°,55	790,8	63	23

N. B. — Trois chiffres mensuels manquant, ils ont été rétablis en prenant la moyenne de la température mensuelle des autres années.

TABLEAU II. (suite). — NICE-OBSERVATOIRE.

MOYENNES MENSUELLES DE CINQ ANNÉES

ANNÉES	JANVIER	FÉVRIER	MARS	AVRIL	MAI	JUIN	JUILLET	AOÛT	SEPTEMBRE	OCTOBRE	NOVEMBRE	DÉCEMBRE	MOYENNES ANNUELLES	MOYENNES		PLUIE		JOURS DE GELÉE
														ÉTÉ	HIVER	QUANTITÉ en millimètres	jours	
1885	4,9	8,6	9,4	11,8	14,8	19,7	22,7	22,7	18,6	13,5	10,8	7,4	13°,83	18°,82	8°,98	876,3	120	11
1886	5,9	7,1	8,3	11,8	15,7	18,3	22,6	21,6	20,5	15,9	10,5	7,0	13,78	18,35	9,11	873,6	131	17
1887	6,4	7,4	11,1	12,1	15,6	21,5	24,7	23,7	20,1	13,2	10,7	8,8	14,50	19,69	9,57	474,6	80	23
1888	5,9	5,0	7,8	11,4	16,5	20,1	19,6	20,6	19,2	13,2	10,2	8,6	13,18	17,50	8,43	1091,1	83	63
1889	7,1	5,9	7,0	10,5	15,9	20,0	21,3	20,8	18,0	13,8	10,5	6,3	13,41	17,75	8,58	888,8	133	15
Moyennes générales	6,04	6,8	8,0	11,48	15,66	19,96	22,18	21,28	19,28	13,72	10,54	7,64	13°,72	18°,40	8°,83	839,73	111,2	25,8

On remarquera que la température de l'observatoire de Nice, qui se trouve à 300 mètres d'altitude, et si l'on prend actuellement les observations officielles de Nice, fournit une moyenne saisonnière d'environ 0°,5 plus basse que celle prise auparavant dans la ville; aussi avons-nous tenu compte de-de-fait dans les courbes que l'on trouvera plus loin, en relevant la courbe de la température de Nice d'un demi-degré pour avoir une ligne qui donne aussi exactement que possible l'expression de la température au niveau de la mer; mais, malgré cela, il faut bien constater que la température que nous donnons ici ne peut convenir qu'à l'ensemble de la région et non aux nombreux abris de la côte, abris où la température varie d'un endroit à l'autre, comme on le sait, dans des proportions souvent considérables.

ipué d'un certain genre de malades, les tuberculeux et les personnes à poumons sensibles. Mais le Midi des environs de Nice n'est favorable assurément ni aux anémiques ni aux strumeux, qui ont besoin d'un climat tonique et même excitant ; de plus, nous insistons particulièrement sur ce point : le Midi n'est habitable que pendant l'hiver ou le printemps, et, pendant six mois au moins, il serait impossible d'en conseiller le séjour, en raison de la trop grande chaleur. Or, c'est là une condition absolument défavorable à la création d'établissements destinés à recevoir des malades qui, théoriquement et pratiquement, devraient y rester jusqu'à leur guérison.

Dans ces conditions, on est amené à chercher quelle région peut être la plus favorable, et cette étude permet de constater que la France possède en Bretagne un climat véritablement remarquable par la douceur et la régularité des températures.

Nous nous empressons de dire que nous n'avons pas la prétention de faire de la Bretagne un pays tropical ; ce serait là une absurdité. Il serait également absurde de vouloir opposer Menton à Brest pendant la saison d'hiver. Tout ce que nous voulons dire, c'est que, si l'on tient compte de la courbe de température *annuelle* et non pas seulement *hivernale*, l'avantage reste certainement à la Bretagne pour les conditions offertes aux créateurs de sanatoria. Or, jusqu'ici, on a créé en France des hôpitaux : à Berck, où l'hiver est très dur ; à Arcachon, où l'été est très chaud et où l'hiver est plus dur qu'en Bretagne ; à Banyuls, où l'été est torride. Mais on n'a créé en Bretagne qu'un seul établissement et d'importance minime, à Pen-Bron. Il nous semble qu'il y a là une erreur de direction dans la mise à exécution des idées d'hygiène thérapeutique modernes. C'est pourquoi nous avons pensé qu'il serait intéressant de recueillir et de publier un certain nombre de faits destinés à mettre en évidence, par des chiffres, l'importance climatothérapique des régions de Bretagne.

Pour cela, nous n'avons qu'à commenter les tableaux que nous avons dressés d'après les renseignements que nous avons recueillis au Bureau central météorologique et où l'on trouvera les données climatériques principales des points côtiers de la France. (1)

(1) Nous ne saurions, à ce propos, trop remercier MM. Mascart et Angot de l'amabilité extrême avec laquelle ils ont bien voulu faciliter ma

TABLEAU III

MARSEILLE

MOYENNES ANNUELLES, MENSUELLES ET SAISONNIÈRES DE DIX ANNÉES
Pluies et gelées.

ANNÉES	JANVIER	FÉVRIER	MARS	AVRIL	MAI	JUIN	JUILLET	AOÛT	SEPTEMBRE	OCTOBRE	NOVEMBRE	DÉCEMBRE	MOYENNES ANNUELLES	MOYENNES ÉTÉ	MOYENNES HIVER	PLUIE QUANTITÉ en millimètres	PLUIE JOURS	JOURS DE GELÉE
1878	4°0	8°0	9°1	13°7	15°3	19°7	22°7	22°0	19°5	16°1	8°7	8°3	14°01	19°20	8°71	425	112	39
1880	5.2	9.0	11.0	13.3	15.4	18.5	23.5	21.2	19.2	16.4	10.9	9.7	14.30	18.80	10.37	497	87	19
1881	5.4	9.4	11.2	13.6	16.5	19.7	23.3	23.0	17.5	12.7	11.7	7.0	14.25	18.93	9.57	422	74	18
1882	7.8	7.0	11.1	13.6	17.1	20.0	21.4	21.4	16.8	14.4	10.2	8.4	14.10	18.38	9.82	476	87	14
1883	7.1	9.0	6.8	11.5	15.9	19.0	21.5	21.6	18.4	13.6	10.4	6.3	13.42	17.97	8.85	434	121	28
1884	7.6	9.7	10.8	12.7	17.4	17.8	22.6	21.9	18.7	12.5	8.3	7.1	13.93	16.85	9.33	476	87	18
1885	8.4	10.0	10.2	11.8	15.8	20.0	23.5	22.7	18.0	12.3	10.9	7.4	13.98	18.60	9.70	631	104	19
1886	5.7	6.7	9.0	13.0	16.9	19.1	22.6	21.6	20.2	16.4	10.4	6.5	13.98	18.90	9.07	818.6	105	28
1887	4.5	6.2	8.9	11.4	15.0	20.7	23.9	24.4	17.8	10.2	9.4	5.8	13.02	19.70	7.50	648.9	89	39
1888	5.4	4.1	8.1	11.7	17.3	19.8	20.2	19.6	19.1	12.2	11.0	8.9	12.12	17.95	8.28	650.3	104	36
Moyennes générales	5°9	7.91	9.65	12.63	16.44	19.43	22.52	22.05	18.59	14.68	10.16	7.52	13°83	18°84	9°42	546.96	87	26

TABLEAU IV

SAINT-MARTIN-DE-HINX (Landes).

MOYENNES ANNUELLES, MENSUELLES ET SAISONNIÈRES DE DIX ANNÉES

Pluies et gelées.

ANNÉES	JANVIER	FÉVRIER	MARS	AVRIL	MAI	JUIN	JUILLET	AOUT	SEPTEMBRE	OCTOBRE	NOVEMBRE	DÉCEMBRE	MOYENNES ANNUELLES	MOYENNES ÉTÉ	MOYENNES HIVER	PLUIE QUANTITÉ en millimètres	PLUIE JOURS	JOURS DE GELÉE
1878	4,6	7,8	8,0	14,9	15,7	17,7	15,0	21,0	17,2	14,4	8,1	7,0	12,62	16,91	8,31	1654,7	196	35
1880	2,5	8,7	11,9	10,6	14,3	15,3	19,2	19,4	18,1	15,1	6,8	8,0	12,18	16,17	8,85	1477,1	177	33
1881	5,5	8,5	12,4	12,8	14,6	17,2	21,4	19,6	16,5	11,1	11,0	5,0	12,80	17,09	8,88	1229,7	210	31
1882	5,1	7,6	9,4	11,9	13,5	16,5	18,4	18,7	14,9	13,4	10,9	7,9	12,39	15,97	9,05	2014,9	188	30
1883	6,7	9,7	6,3	10,7	14,8	17,0	18,5	19,8	16,9	13,2	10,1	4,6	12,18	16,28	8,08	1528,8	204	39
1884	7,6	10,7	8,5	11,0	14,8	15,3	20,4	21,3	16,6	11,6	8,7	5,7	12,69	16,93	8,77	1049,4	170	27
1885	3,6	5,7	10,3	9,8	13,7	18,4	19,8	18,8	16,0	11,0	9,1	3,9	11,86	15,99	7,80	1278,0	215	43
1886	8,4	4,6	8,5	11,8	14,3	16,3	19,8	19,0	16,5	13,8	7,4	6,7	12,40	15,60	8,18	1800,8	225	37
1887	5,2	5,7	5,2	9,5	13,9	19,7	20,5	20,5	15,4	8,9	7,9	5,2	11,60	16,47	6,73	1544,5	182	47
1888	4,5	2,6	7,0	9,5	16,0	17,6	17,4	18,3	17,6	12,1	9,9	7,7	11,68	16,07	7,30	1381,3	200	49
Moyennes générales	4,88	7,35	9,26	11,25	14,58	17,12	19,05	19,64	16,76	14,44	8,90	6,17	12,25	16,60	8,46	1506,82	196	37

Depuis déjà fort longtemps, on sait que la Bretagne et les îles normandes, Jersey et Guernesey, jouissent d'un climat remarquablement doux, dont la preuve se trouve dans ce fait qu'à Quimper, Brest et Jersey et sur toute la côte bretonne, on voit en pleine terre des plantes tropicales qui meurent ou végètent seulement à des latitudes plus méridionales. C'est ainsi que tout le monde a pu voir partout, dans ces régions, des camélias, des fuchsias, des véroniques qui sont des arbustes, des eucalyptus aussi beaux que ceux de Nice, des mimosas, des poivriers, etc. Les personnes qui ont visité le Jardin tropical de Jersey ont pu voir par leurs yeux que toutes ces plantes peuvent prospérer en plein air.

Ces faits sont officiellement constatés sur les cartes isothermes, et en étudiant la carte isothermique de la France, contenue dans l'*Atlas manuel* de la librairie Hachette, on peut constater que la ligne isothermique hivernale de Brest passe au-dessous de Nice et que cette dernière ville se trouve sur la même ligne que Saint-Brieuc. Cette douceur remarquable du climat maritime breton est, on le sait, attribuée avec assez de raison à l'influence bienfaisante des eaux du Golf-Stream, le fameux courant chaud qui, originaire du golfe du Mexique, va se perdre dans les mers du Nord, en longeant les côtes de l'Irlande et de la Bretagne, dont il adoucit le climat.

Tels sont les faits connus, d'une manière assez vague, sans que ces opinions soient appuyées sur des faits scientifiques autres que les documents des observatoires officiels, où bien peu de personnes ont jusqu'ici pensé à fouiller.

Nous avons donc entrepris de rassembler un assez grand nombre de matériaux pour bien établir la température et les conditions climatériques de la Bretagne, comme aussi d'ailleurs celles des régions mieux connues où se trouvent les stations hivernales de la France.

A ce propos, nous devons dire que ce n'est guère que depuis une quinzaine d'années que la température *officielle*, c'est-à-dire prise suivant des données scientifiques, est relevée dans les observatoires météorologiques qui dépendent du Bureau cen-

tâche en mettant à notre disposition la bibliothèque, les archives et les cartes du Bureau central météorologique; car, sans eux, il nous eût été impossible d'arriver à bien dans notre travail.

TABLEAU V

NANTES

MOYENNES ANNUELLES, MENSUELLES ET SAISONNIÈRES DE HUIT ANNÉES

Pluies et gelées.

ANNÉES	JANVIER	FÉVRIER	MARS	AVRIL	MAI	JUIN	JUILLET	AOÛT	SEPTEMBRE	OCTOBRE	NOVEMBRE	DÉCEMBRE	MOYENNES ANNUELLES	MOYENNES		PLUIE		JOURS DE GELÉE
														ÉTÉ	HIVER	QUANTITÉ en millimètres	jours	
1881	0,4	7,4	9,1	10,2	13,7	15,9	20,4	17,2	15,3	9,7	11,0	3,8	11°,38	15°,45	6°,87	848,0	153	55
1882	4,2	5,8	9,6	11,6	14,4	15,6	17,4	17,7	14,2	12,6	10,2	7,1	11,08	15,15	8,35	935,8	180	30
1883	6,5	7,6	4,5	10,0	14,1	16,4	16,7	19,1	15,4	11,0	8,6	4,8	11,93	15,28	7,18	780,7	194	43
1884	6,6	7,5	8,2	8,6	14,5	15,2	18,8	20,6	16,1	10,8	6,1	6,1	11,62	15,68	7,57	578,3	135	38
1885	2,3	8,0	7,0	9,8	11,2	17,5	19,2	17,7	15,0	9,8	8,3	3,8	10,78	15,03	6,53	959,6	165	47
1886	4,0	3,4	7,0	10,8	13,7	15,6	18,3	18,2	17,2	13,0	7,8	5,0	11,10	15,50	6,70	1006,9	192	51
1887	2,4	3,4	5,1	8,7	11,6	19,1	19,9	18,5	14,0	7,7	5,7	3,6	9,98	15,30	4,65	666,8	145	85
1888	3,4	2,1	5,2	8,4	14,5	16,3	16,0	16,5	15,4	9,8	9,9	6,0	10,21	14,52	5,90	783,1	167	63
Moyennes générales	3,74	5,65	6,97	9,74	13,28	16,47	18,46	18,19	15,32	10,44	8,45	5,00	10°,98	15°,25	6,74	818,41	167	51

TABLEAU VI

BREST

MOYENNES MENSUELLES, ANNUELLES ET SAISONNIÈRES DE HUIT ANNÉES

ANNÉES	JANVIER	FÉVRIER	MARS	AVRIL	MAI	JUIN	JUILLET	AOUT	SEPTEMBRE	OCTOBRE	NOVEMBRE	DÉCEMBRE	MOYENNES ANNUELLES	MOYENNES ÉTÉ	MOYENNES HIVER	PLUIE QUANTITÉ en millimètres	PLUIE JOURS
1878	6,9	7,5	8,1	11,1	14,0	17,8	19,2	18,3	16,4	14,0	7,1	4,8	12,10	16,13	8,06	755,4	»
1882	6,4	7,4	10,2	11,0	13,7	14,2	16,8	17,0	13,5	12,4	10,1	7,3	11,65	14,83	8,97	1634,9	223
1883	7,6	8,2	5,2	9,4	12,2	14,8	15,6	17,2	15,1	12,0	10,1	7,6	11,25	14,05	8,43	1635,6	216
1884	8,6	8,4	9,3	9,0	12,7	14,3	17,4	19,1	16,6	11,8	8,5	7,8	11,01	15,02	9,00	1195,3	193
1885	5,5	8,4	7,4	8,8	10,9	15,6	18,3	17,1	14,9	10,7	9,2	6,5	11,11	13,93	7,95	7408	215
1886	5,7	5,3	6,8	10,6	13,0	15,1	17,3	17,7	16,8	13,2	9,1	6,7	11,45	15,10	7,80	805,5	208
1887	5,6	6,3	6,9	8,3	11,1	16,6	17,7	17,1	13,9	9,5	7,1	8,9	10,50	14,12	8,88	»	»
1888	5,7	4,1	5,9	7,8	12,9	14,5	14,6	15,9	15,7	11,8	10,8	8,6	10,69	13,57	7,82	773,3	193
Moyennes générales	6°,50	6°,90	7°,47	9°,50	12°,69	15°,38	17°,09	17°,42	15°,36	11°,92	9°,00	6°,90	11°,34	14°,53	8,12	1080,0	209

Comme nous l'avons déjà fait observer plus haut, la température de l'observatoire de la Marine, à Brest, est trop favorable; les maxima sont trop élevés en raison de l'exposition privilégiée du thermomètre; aussi les moyennes sont-elles faussées. La température réelle doit se rapprocher de celle du tableau suivant. Dans ce tableau, qui donne la température du Val-André (côté est de la baie de Saint-Brieuc), au bord même de la mer, on voit un petit tableau annexe qui donne les chiffres obtenus dans un point abrité et privilégié. On voit, par cet exemple, combien, à deux cents mètres de distance, un changement d'exposition peut avoir d'influence.

tral, et il n'est pas possible de tenir compte des recherches plus ou moins bien faites qui ont été publiées de droite et de gauche par des observateurs bénévoles, attendu que des écarts trop considérables se trouvent entre ces divers résultats.

Nous avons donc pris comme points de comparaison Paris, Nice, Saint-Martin-de-Hinx, Brest et Dunkerque, dont les données météorologiques nous ont été fournies par les *Annuaires* ou les *Archives* du Bureau central météorologique. De cette façon, nous avons eu les résultats officiels d'un certain nombre d'années d'observations qui peuvent être considérées comme caractéristiques des régions de Nice, de Biarritz et Arcachon, de Bretagne et des bords septentrionaux de la Manche. Il faut naturellement tenir compte de ce que la température peut être plus favorable dans des points choisis à dessein comme mieux abrités et exposés que d'autres; mais, en raison même de leur exception, ces résultats doivent être rejetés. C'est pourquoi, pour les courbes dressées d'après quatre années d'observations, nous avons substitué la température prise par nos soins sur la baie de Saint-Brieuc (Val-André), à celle de Brest qui est un peu plus favorable, mais prise à la Marine, dans des conditions peut-être trop privilégiées pour les maxima.

Nous commencerons par enregistrer les nombreux tableaux qui donnent pour un certain nombre d'années, les températures moyennes des points les mieux exposés de nos côtes, ou de ceux qui se rapprochent le plus des stations les plus connues.

Chaque tableau donne les moyennes de chaque mois, la moyenne annuelle, puis la moyenne saisonnière en groupant les mois chauds : avril, mai, juin, juillet, août et septembre, d'un côté et de l'autre, les mois froids : octobre, novembre décembre, janvier, février et mars.

En outre de ces renseignements, chacun de ces tableaux donne, quand cela nous a été possible à établir, la hauteur de pluie en millimètres pour l'année, le nombre de jours de pluie ou de gelées.

Nous ne discuterons pas point par point les résultats fournis par les tableaux précédents, mais nous prendrons seulement cinq points principaux, Paris, Nice, Saint-Martin-de-Hinx (Landes) Val-André (Bretagne) et Dunkerque, et nous comparerons une suite de quatre années, les seules où les températures aient été prises simultanément, c'est-à-dire pendant les années

4

TABLEAU VII.

VAL-ANDRÉ (Exposition normale).

MOYENNES ANNUELLES, MENSUELLES ET SAISONNIÈRES DE CINQ ANNÉES.

Pluies et gelées.

ANNÉES	JANVIER	FÉVRIER	MARS	AVRIL	MAI	JUIN	JUILLET	AOÛT	SEPTEMBRE	OCTOBRE	NOVEMBRE	DÉCEMBRE	MOYENNES ANNUELLES	MOYENNES ÉTÉ	MOYENNES HIVER	PLUIES QUANTITÉS en millimètres	PLUIES JOURS	JOURS DE GELÉE
1885	5,7	8,7	6,9	8,7	11,6	13,4	17,9	17,0	13,2	10,5	8,9	7,1	11,11	14,30	7,01	607,2	131	11
1886	5,9	5,7	6,3	10,3	13,5	15,2	17,1	17,4	16,3	12,6	7,7	7,5	11,20	14,95	7,61	586,2	140	14
1887	5,6	7,0	8,8	10,3	11,6	16,5	17,6	16,9	15,4	9,8	7,9	5,8	10,86	14,23	7,35	508,6	127	23
1888	5,8	5,2	6,1	7,7	12,8	14,7	13,8	16,7	15,9	11,9	10,9	8,8	11,00	13,88	8,11	509,3	121	17
1889	5,9	6,2	6,5	8,4	12,9	15,2	16,4	15,8	14,3	11,2	8,8	6,3	10,65	13,83	7,48	539,6	140	18
Moyennes générales	5,78	6,56	6,92	8,66	12,48	15,06	16,96	16,76	15,36	11,0	8,70	7,08	10,96	14,26	7,60	590,2	1349,8	10°

VAL-ANDRÉ (Exposition privilégiée).

ANNÉES	JANVIER	FÉVRIER	MARS	AVRIL	MAI	JUIN	JUILLET	AOÛT	SEPTEMBRE	OCTOBRE	NOVEMBRE	DÉCEMBRE	MOYENNES ANNUELLES	MOYENNES ÉTÉ	MOYENNES HIVER	ÉTAT DU CIEL CLAIR	NUAGEUX variable	COUVERT	BRUME
1888	6,2	5,9	6,4	8,2	13,0	15,1	16,9	18,8	16,8	12,2	11,0	9,3	11,65	14,30	8,50	108°	80°	143°	39°
1889	6,3	6,9	6,8	8,9	13,1	15,4	17,1	18,2	15,7	11,6	10,7	7,2	11,49	14,73	8,25	113°	81°	140°	29°

TABLEAU VIII

SAINT-MALO

MOYENNES ANNUELLES, MENSUELLES ET SAISONNIÈRES DE CINQ ANNÉES

ANNÉES	JANVIER	FÉVRIER	MARS	AVRIL	MAI	JUIN	JUILLET	AOÛT	SEPTEMBRE	OCTOBRE	NOVEMBRE	DÉCEMBRE	MOYENNES ANNUELLES	MOYENNES ÉTÉ	MOYENNES HIVER	PLUIES QUANTITÉS en millimètres	PLUIES JOURS
1885......	4°,0	8°,1	6°,5	8°,5	10°,9	15°,0	15°,7	15°,4	14°,6	10°,3	8,8	6°,0	10°,72	13°,37	7°,28	724,8	122
1886......	5,3	4,0	6,8	10,1	12,2	13,7	16,6	15,1	15,4	13,5	9,3	6,5	10,73	13,80	7,60	677,0	155
1887......	»	»	»	»	10,1	14,6	17,3	16,1	14,8	9,5	7,1	5,9	»	13,88	»	613,1	131
1888......	4,0	3,3	5,9	7,6	11,4	14,3	15,5	15,8	15,1	9,9	10,6	8,8	10,11	13,28	6,93	642,0	132
1889......	5,4	5,5	6,0	8,5	12,3	15,0	16,0	16,0	14,1	11,3	8,7	5,4	10,36	13,68	7,05	614,7	128
Moyennes générales......	4°,95	5°,22	6°,30	8°,67	11°,40	14°,52	15°,42	15°,84	14°,80	10°,90	8°,90	6°,42	10°,38	13°,50	7°,06	654,30	135

TABLEAU IX

DUNKERQUE

MOYENNES ANNUELLES, MENSUELLES ET SAISONNIÈRES DE HUIT ANNÉES

Pluies et gelées.

ANNÉES	JANVIER	FÉVRIER	MARS	AVRIL	MAI	JUIN	JUILLET	AOUT	SEPTEMBRE	OCTOBRE	NOVEMBRE	DÉCEMBRE	MOYENNES ANNUELLES	ÉTÉ	HIVER	PLUIES QUANTITÉ en millimètres	PLUIES JOURS	JOURS DE GELÉE
1881	0,1	3,6	6,2	7,3	11,8	14,7	18,1	16,4	14,8	8,5	8,7	3,7	8,38	13,85	5,10	572,3	156	26
1882	4,4	5,4	8,5	9,8	13,1	14,9	16,7	16,5	14,6	11,2	7,8	4,9	10,65	14,27	7,03	662,2	197	24
1883	4,8	6,4	3,1	8,2	11,6	15,4	16,4	16,7	15,1	11,4	8,0	5,3	10,20	13,90	6,50	585,3	170	21
1884	7,1	6,0	7,8	8,5	12,6	14,0	17,9	18,7	16,1	11,1	6,3	5,4	10,96	14,63	7,28	497,6	144	20
1885	4,0	7,2	5,2	9,2	10,5	15,4	16,7	15,9	14,7	10,2	6,5	4,6	9,76	13,40	5,78	607,1	153	28
1886	2,9	1,5	4,7	8,5	12,2	13,9	16,8	17,2	17,0	12,4	8,5	4,6	10,09	14,20	5,70	663,2	171	40
1887	1,7	3,7	2,6	7,3	9,9	14,7	17,9	17,0	14,0	9,2	5,9	4,2	9,09	13,47	4,72	374,6	141	44
1888	2,1	1,0	3,8	6,7	11,2	14,3	15,2	16,5	14,6	9,5	8,1	5,0	9,00	13,08	4,92	502,7	160	43
Moyennes générales	2°,27	4°,33	5°,36	8°,19	11°,61	14°,67	16°,71	16°,80	15°,11	10°,44	7°,10	4°,71	9°,66	13°,84	5°,88	558,11	161-	24

1885, 1886, 1887 et 1888, qui nous serviront à construire des courbes, de façon à mettre en relief les conclusions qu'on doit tirer de l'étude de nos tableaux.

Si l'on examine les tableaux X et XI, qui donnent les moyennes mensuelles de température pour les années 1885, 1886, 1887 et 1888, on trouve que pour les moyennes d'hiver et d'été :

La courbe de PARIS oscille entre — 0°,2 et + 19°,0
—   de BRETAGNE   —   + 5 ,5 et + 16 ,8
—   de NICE   —   + 5 .5 et + 26 ,0
—   des LANDES   —   + 3 ,2 et + 21 ,0
—   de DUNKERQUE   —   + 0 ,5 et + 16 ,0

Par suite, la température moyenne des mois d'hiver les plus froids et d'été les plus chauds a toujours été fort douce en Bretagne, puisque le mois le plus froid de la série *n'a pas donné une température inférieure à la plus froide de la région de Nice.* De plus, si l'on allait au fond des choses, on verrait que les maxima de Bretagne étant moindres que ceux de la région de Nice, il a fallu, pour que la moyenne soit égale, que les minima de Bretagne fussent un peu plus élevés et que, par conséquent, *il fît moins froid la nuit;* mais nous aurons à revenir sur ce point en parlant de l'écart de température.

Un autre fait capital se dégage de l'examen de ces courbes, c'est que la température d'hiver, qui est sensiblement au-dessus de celle de Paris, devient aussi sensiblement inférieure pendant l'été, à partir de mai, pour redevenir plus élevée en automne, à partir de septembre. On voit ainsi la courbe de Bretagne passer au-dessous de celle de Paris en avril, se maintenir en dessous jusqu'en septembre, puis repasser au-dessus à cette date. L'hiver y est donc considérablement plus doux et l'été moins brûlant. D'autre part, la courbe de Saint-Martin-de-Hinx (entre Arcachon et Biarritz) est, on le voit, au-dessus de cell ede Bretagne, au début de 1885, pendant l'hiver, mais les années suivantes elle reste au-dessous ; par contre, la courbe d'été y est plus élevée de beaucoup que celle de Paris, l'hiver y est donc moins clément qu'en Bretagne, tandis que l'été y est assez chaud pour être pénible.

Quant à la température de la région de Nice, très favorable l'hiver, elle monte, dès le mois de mai, et devient trop chaude jusqu'en novembre.

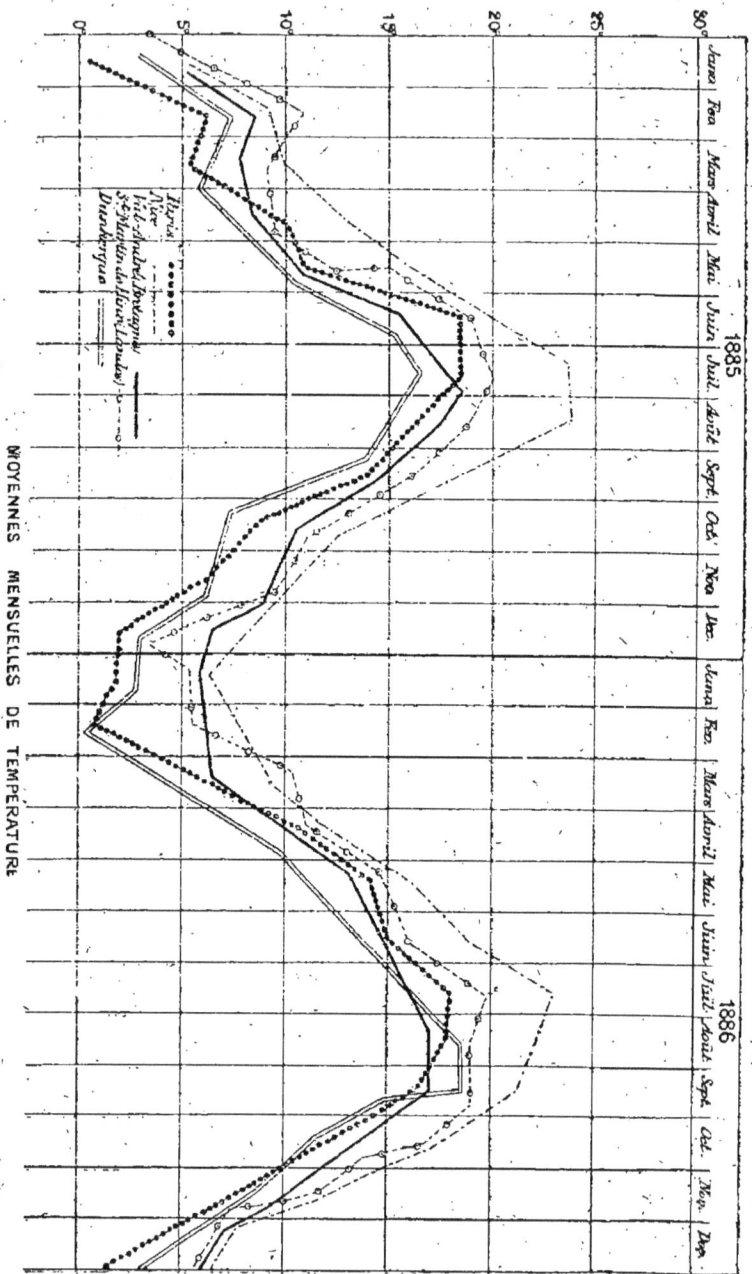

MOYENNES MENSUELLES DE TEMPÉRATURE

TABLEAU X.

1885

1886

Juin | Fév. | Mars | Avril | Mai | Juin | Juil. | Août | Sept. | Oct. | Nov. | Déc. | Janv. | Fév. | Mars | Avril | Mai | Juin | Juil. | Août | Sept. | Oct. | Nov. | Déc.

30° | 25° | 20° | 15° | 10° | 5° | 0°

Alger ....
Nice — — —
Ville-André, Bretagne
St-Martin-de-Hinx (Landes)
Dunkerque

TABLEAU XI.

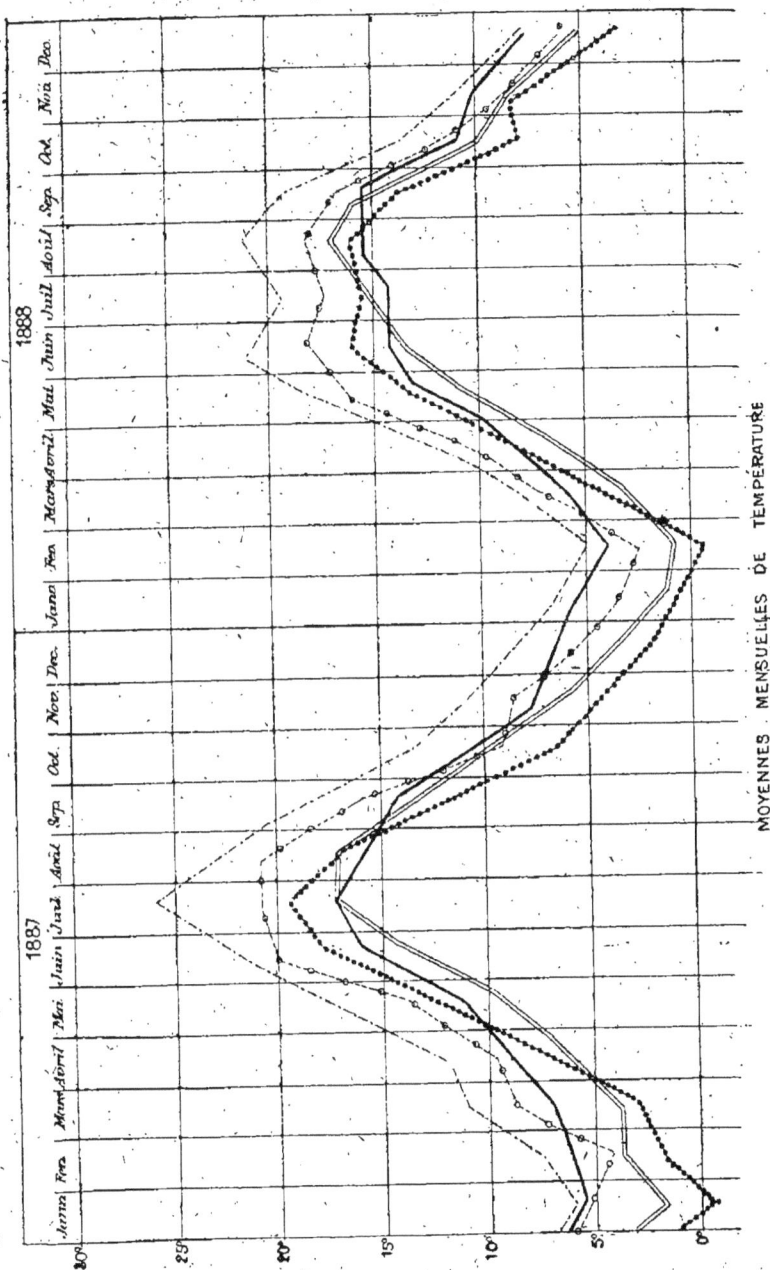

MOYENNES MENSUELLES DE TEMPÉRATURE

Mais il est, au point de vue climatothérapique, une notion
encore plus importante à posséder que celles des températures
moyennes : c'est la notion d'écart de température. On sait, en
effet, que le système nerveux vaso-moteur est influencé vivement
et d'une façon défavorable par les variations de température.
Le tableau XII donne la courbe des coefficients mensuels d'écart
de température pour 1886, c'est-à-dire la représentation graphi-
que de la différence entre les maxima et minima de chaque jour.

TABLEAU XII.

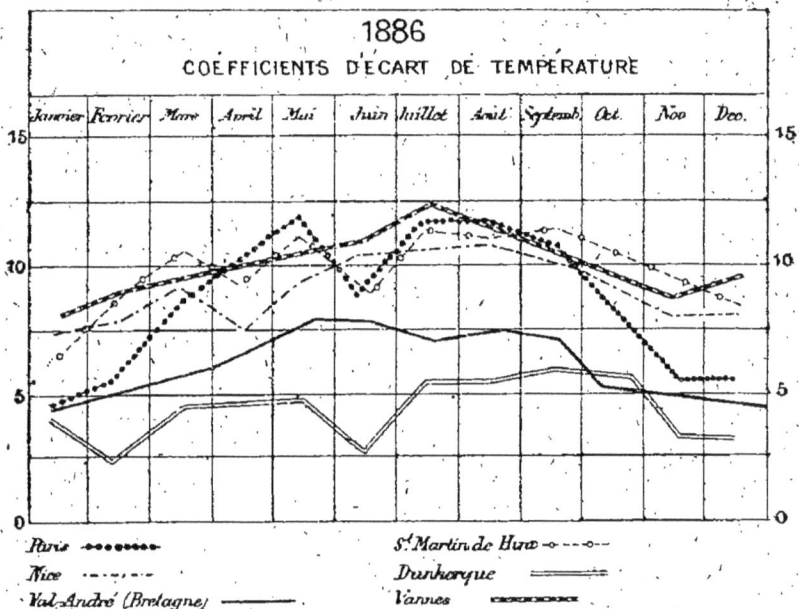

La température idéale serait celle qui, restant la même et
étant de variation nulle, serait représentée par une ligne droite
au zéro ; plus l'écart est grand, plus la courbe s'éloigne du
zéro ; plus la variation de mois à mois est grande et plus zigza-
guée se trouve la courbe. Ceci bien compris, on voit que, tandis
que les courbes de Paris, Nice et Saint-Martin sont à la fois
écartées du zéro et zigzaguées, autant la ligne de Bretagne (Val-
André, qui fournit une courbe sensiblement symétrique à celle
de Brest et Saint-Malo pour la même année) est de même écart

(de 4,8 à 7,9, tandis que Paris donne un écart de 4,9 à 12) et surtout de forme régulière.

La courbe de Dunkerque est de moindre variation (2,4 à 5,8); mais elle est plus irrégulière de mois à mois et, de plus, la courbe de température (tableaux X et XI) est défavorable. Il faut, en effet, que la courbe de variation coïncide avec une courbe de température assez douce, sans quoi une température polaire, où l'oscillation entre les maxima et minima est souvent nulle, devrait être considérée comme favorable, ce qui serait paradoxal.

Enfin, ce même tableau XII nous montre que, en cette même année 1886, la température de Vannes (sud de Bretagne, dans le Morbihan) a offert des variations beaucoup plus grandes que celle de la côte nord. C'est là, en effet, un phénomène météorologique remarquable, qu'il faut attribuer aux vents du sud qui, sévissant sans obstacle, amènent souvent des perturbations subites dans la température, en même temps qu'ils provoquent des grains plus fréquents que sur certains points mieux abrités de la côte nord.

En résumé, le coefficient d'écart de température oscille à :

Paris	entre	4,96	et 12,12
Nice	—	7,9	et 10,4
Bretagne (nord)	—	4,8	et 7,9
Saint-Martin-de-Hinx	—	6,9	et 12,0
Dunkerque	—	2,4	et 5,8
Bretagne (sud)	—	8,2	et 12,6

Ces chiffres indiquent l'écart minimum et maximum entre les températures extrêmes des moyennes mensuelles, c'est-à-dire les coefficients extrêmes de variations mensuelles. Si, maintenant, on prend la différence de ces deux chiffres, on obtient un chiffre nouveau qui peut être considéré comme le coefficient d'écart annuel, c'est-à-dire comme proportionnel à la variabilité annuelle de température de la région :

Paris	7,1
Nice	3,0
Bretagne (nord)	3,1
Saint-Martin-de-Hinx (Landes)	5,1
Dunkerque	3,4
Bretagne (sud)	4,4

TABLEAU XIII

Coefficients d'écart de température

(Différence entre les moyennes des maxima et minima de l'année)

100° étant le plus grand coefficient = 20° de différence.

STATIONS	1878	1880	1881	1882	1883	1884	1885	1886	1887	1888	COEFFICIENT MOYEN
Paris	41,75	47,40	46,48	43,25	45,15	46,45	49,08	43,60	46,90	42,70	45,12
Nice	59,90	54,30	57,60	61,00	51,00		89,85	54,47	60,75	48,26	54,40
Marseille	51,50	54,30	53,50	57,45	54,75	55,40	54,05	54,05	57,30	39,45	54,60
Saint-Martin-de-Rmx	51,50	50,45	52,10	50,30	47,90	48,60	48,75	48,75	54,88	54,95	50,70
Nantes			50,75	47,68	50,45	50,90	47,45	53,05	51,50	46,05	49,75
								49,45	57,00	51,50	52,71
Brest	31,85			33,00	42,40	42,60	38,70	31,85	34,90	64,45	64,33
Villentre							96,10	93,30	30,70	99,80	99,03
S.El-Vito			30,80	98,10	97,75	98,80	97,70	99,00	30,90	30,35	99,03
der-Höher			90,40	19,85	49,90	90,38	97,90	28,00	25,85	23,15	98,63
Dunkerque							90,33	91,45	28,40	96,20	90,47

Donc, en tenant compte des données fournies par les courbes des variations thermiques dans ces diverses régions, on voit qu'à cet important point de vue climatothérapique, une fois l'écart entre les maxima et minima établi, il peut y avoir régularité dans cet écart ou irrégularité. C'est ainsi que Nice est plus régulier que les autres pays dans cette fonction. Les conditions les plus favorables se trouvent lorsque les coefficients sont bas ; cette condition se trouve remplie parfaitement pour la Bretagne nord, où l'on a 4,8 et 7,9, contre 3,1, conditions certainement plus favorables que celles de Nice (7,4 et 10,4 contre 3) et surtout que celles de la région du sud-ouest (6, 9 et 12 contre 5,1).

Le tableau XIII fournit encore une autre expression de l'écart de température : si l'on prend comme égal à 100 l'écart le plus grand entre les moyennes des minima et des maxima de l'année, on aura pour un grand nombre de points côtiers et pour une série de dix années un certain nombre de chiffres proportionnels qui nous ont permis de déterminer une constante moyenne qu'il était intéressant de fixer.

Dans ce tableau nous avons omis à dessein l'année 1879, exceptionnellement froide, comme on le sait, en novembre et décembre, et qui eût faussé notre moyenne.

En tenant compte de ces données on remarquera que le maximum d'écart de température exprimé par les chiffres 54, 52 et 50 appartient au Midi et à Vannes, cette dernière ville, comme nous l'avons déjà dit, se trouvant dans des conditions particulières. Au contraire, les chiffres les plus bas (20 à 34) appartiennent à Dunkerque, Saint-Malo et Brest ; mais, comme nous l'avons fait remarquer plus haut, Dunkerque, s'il a une température remarquablement constante, est froid. Sa constance n'a de valeur qu'autant qu'elle accompagne une température douce.

Les extrêmes de température sont également très favorables pour la Bretagne, comme on peut s'en rendre compte en jetant les yeux sur le tableau XIV, qui donne les maxima et minima des étés et hivers des années 1885, 1886, 1887 et 1888. On voit que, tandis que la température minima de l'hiver atteint — 9, — 11 et — 15 degrés à Saint-Martin (Landes), Dunkerque et Paris, elle n'atteint, en Bretagne, pendant le même laps de temps, que — 4°,6, quand, à Nice, elle descend à 3°,9, c'est-

à-dire qu'il n'y a, entre ces deux régions, que 0°,7 de différence dans les minima annuels.

Le tableau suivant (XIV) fournit les extrêmes pour une
plus longue période et pour un plus grand nombre de points.

Les mêmes conditions favorables se retrouvent, si l'on ne
tient compte que des jours de gelées observées, dans le courant d'une année. Le tableau XVI donne la moyenne de jours
de gelées pendant un hiver, établie en prenant la moyenne de
six années (sauf pour le Val-André, où nous n'avons que cinq
années d'observations). La Bretagne et Nice fournissent le plus

TABLEAU XIV.

EXTREMES DE TEMPÉRATURE

	1885		1886		1887		1888	
	Maxima	Minima	Maxima	Minima	Maxima	Minima	Maxima	Minima
Paris	31,8	−10,9	33	−8,6	32,2	−9,7	34,5	−15,0
Nice	34,1	−2,1	32,5	−3,3	36,0	−3,5	32,7	−3,9
St Martin de Hins	32,9	−6,0	37,0	−7,0	36,2	−9,5	35,8	−7,6
Val André	29,7	−4,5	30,2	−3,8	28,4	−4,8	29,0	−4,8
Dunkerque	27	−8,4	31,0	−5,2	29,8	−6,2	31,0	−5,0

faible contingent, 16 à 19 jours, tandis qu'on en trouve presque
le double dans la région du sud-ouest et le quadruple à Paris.

Mais c'est surtout en étudiant les résultats fournis par les
tableaux XVII et XVIII qu'on peut se rendre compte du régime
de température des diverses régions. Ce tableau, établi avec
les données des quatre années d'observation déjà citées, 1885 à
1888, donne les moyennes mensuelles des minima et des
maxima, ainsi que les moyennes saisonnières; c'est donc, en
données numériques et par un autre procédé, le même résultat
que celui fourni par la courbe des moyennes mensuelles (tableaux X et XI), celles-ci ayant été établies d'après les températures indiquées de trois heures en trois heures. Ce tableau

TABLEAU XV

TEMPÉRATURES EXTRÊMES

ANNÉES	PARIS HIVER	PARIS ÉTÉ	NICE HIVER	NICE ÉTÉ	MARSEILLE HIVER	MARSEILLE ÉTÉ	S.-MARTIN DE HINX HIVER	S.-MARTIN DE HINX ÉTÉ	NANTES HIVER	NANTES ÉTÉ	VANNES HIVER	VANNES ÉTÉ	BREST HIVER	BREST ÉTÉ	VAL-ANDRÉ HIVER	VAL-ANDRÉ ÉTÉ	GUERNESEY HIVER	GUERNESEY ÉTÉ	DUNKERQUE HIVER	DUNKERQUE ÉTÉ
1878	-9,4	29,5			-6,7	33,9	-8,1	34,2					-3,0	31,6						
1879	-25,6	31,9	-6,0	33,0	-10,4	32,3	-8,2	37,0												
1880	-11,5	32,2	-7,4	37,0	-6,0	34,0	-6,6	33,9												
1881	-13,6	38,4	-2,5	33,0	-6,4	32,8	-12,9	35,7	-11,1	38,7			-4,0	30,2			-3,0	29,17	-18,4	30,0
1882	-6,2	31,5	-5,4	32	-3,9	34,3	-3,1	31,7	-8,0	34,0			-4,8	27,2			-1,0	24,69	-4,8	25,2
1883	-7,2	30,3	-3,2		-3,3	31,7	-8,9	33,1	-5,9	34,6			-1,8	33,8			-1,61	26,50	-8,2	26,8
1884	-6,1	33,9		34,1	-4,5	35,2	-4,2	35,6	-3,9	36,9			-4,8	29,8	-2,8	31,3	-0,06	28,98	-4,0	31,8
1885	-10,9	34,5	-2,1	32,5	-3,0	35,3	-6,0	39,9	-8,0	31,9			-3,6	30,2	-3,1	29,4	-1,61	28,22	-9,4	27,0
1886	-8,6	33,0	-3,3	36,0	-5,2	33,5	-7,0	37,0	-8,0	32,6	-6,0	33,5	-4,4	23,4	-3,4	30,1	-1,56	25,61	-5,2	31,0
1887	-0,7	33,2	-5,0	29,6	-9,4	34,1	-9,5	36,2	-9,0	35,4	-6,0	35,6	-4,6	29,0	-4,5	30,5	-2,59	27,83	-6,2	29,8
1888	-15,0	34,5	-3,9		-8,0	31,2	-7,6	35,8	-11,2	32,0	-7,8	30,8			-4,9	29,8	-4,33	25,78	-9,8	31,0
Extrêmes de la période	-15,0	38,4	-6,0	37,0	-9,4	35,3	-12,9	37,0	-11,2	38,7	-7,8	35,6	-4,8	33,8	-4,9	30,5	-4,33	29,17	-18,4	31,8

N. B. — Les extrêmes de 1879 n'ont pas été comptés pour l'établissement du plus bas minimum, la température de cette année ayant été trop exceptionnelle et dérangeant la proportionnalité entre Paris et les autres points.

numérique explique également mieux que les paroles ou les phrases le tableau XII des courbes des coefficients mensuels d'écart de température; c'est pourquoi nous la donnons ici, malgré notre promesse de ne pas surcharger de chiffres cette étude déjà suffisamment aride par elle-même.

Ces tableaux montrent, en effet, la caractéristique calorique de chaque région. Jetez un coup d'œil sur les mois d'hiver, janvier, février et mars, d'une part, et, d'autre part, octobre, novembre et décembre, vous constatez que la région de Bretagne (Val-André) donne des minima moyens moins bas qu'aucune autre région en décembre et janvier, qui sont les mois

TABLEAU XVI.

	JOURS DE GELÉE MOYENNE DE SIX ANNÉES	
Val André	16 Jours	
St Malo	17 Jours	
Brest	18 Jours	
Nice	19 Jours	
St Martin de Hinx	35 Jours	
Paris	68 Jours	

les plus froids de l'année; aussi la température moyenne saisonnière 4,84 y est-elle la plus favorable au point de vue des minima; le thermomètre y baisse moins que n'importe où en France, pendant l'hiver, et la moyenne des maxima y est également favorable pendant l'été, puisqu'elle se maintient à un chiffre très peu élevé, 17,90, ce qui donne, par conséquent, un été frais et un hiver doux. Mais on voit que, si, en Bretagne, il ne fait pas froid pendant l'hiver (4,84 de moyenne minima), en revanche, les maxima sont peu élevés (9,40) pendant la même saison, tandis que, dans la région de Nice et d'Arcachon, la moyenne maxima d'hiver atteint 13,54 et 12,67. Ce désavantage est pourtant compensé par le faible écart entre les maxima et les minima, écart qui souvent, on le sait, est néfaste

TABLEAU XVII

MOYENNES MENSUELLES DES TEMPÉRATURES MINIMA

(Établies d'après les températures minima de 1885-1888.)

RÉGIONS	JANVIER	FÉVRIER	MARS	AVRIL	MAI	JUIN	JUILLET	AOÛT	SEPTEMBRE	OCTOBRE	NOVEMBRE	DÉCEMBRE	MOYENNE ANNUELLE des minima	MOYENNES DES MINIMA DE	
														L'HIVER	L'ÉTÉ
Paris	1°77	0°13	0°90	4,63	7,84	11°33	12°88	11,44	9,88	5,24	4°24	0°33	3,50	1°26	9°33
Nice	4,75	3,02	4,65	7,02	10,47	14,02	14,30	14,30	15,39	9,07	6,42	3,47	8,60	4,78	19,00
Saint-Martin-de-Hinx	0,95	1,90	3,72	5,92	8,87	13,20	14,25	14,25	12,20	7,35	4,80	2,12	7,41	3,45	11,37
Val-André	2,65	3,50	3,97	6,25	8,45	12,40	13,77	13,52	12,45	8,45	6,49	4,07	8,00	4,84	11,16
Dunkerque	0,41	0,42	2,20	5,40	8,37	12,95	13,97	13,47	12,32	8,00	3,55	2,75	7,11	3,13	11,08

TABLEAU XVIII

MOYENNES MENSUELLES DES TEMPÉRATURES MAXIMA

(Établies d'après les températures maxima de 1885-1888.)

RÉGIONS	JANVIER	FÉVRIER	MARS	AVRIL	MAI	JUIN	JUILLET	AOÛT	SEPTEMBRE	OCTOBRE	NOVEMBRE	DÉCEMBRE	MOYENNE ANNUELLE des maxima	MOYENNES DES MAXIMA DE	
														L'HIVER	L'ÉTÉ
Paris	3,43	6°17	9°24	14°68	13°50	22°33	24°41	23°70	20°33	13°47	9°60	5°39	13°88	4°77	19°87
Nice	10,65	11,47	14,02	16,55	20,25	24,67	27,35	27,52	25,35	18,72	14,47	12,10	18,57	13,54	23,91
Saint-Martin-de-Hinx	9,20	11,25	14,10	15,40	20,97	24,30	26,05	25,70	23,77	16,40	13,75	10,85	17,63	12,67	22,58
Val-André	7,52	8,62	9,80	12,48	15,52	19,00	19,40	20,05	19,30	14,62	9,25	8,32	13,50	9,40	47,90
Dunkerque	3,70	3,41	6,27	9,95	12,07	16,52	19,17	19,25	17,42	12,89	8,05	6,50	11,40	6,92	15,88

au point de vue physiologique. Dans tous les cas, les faits sont tout à l'avantage de la Bretagne, si l'on prend Paris comme point de comparaison : en effet, tandis qu'en Bretagne les mois d'hiver donnent une moyenne froide de 4.84 et chaude de 9.40, on trouve à Paris seulement 1.46 de moyenne froide et 4.77 de moyenne chaude pour la même saison ; c'est-à-dire qu'en hiver la *moyenne maxima* de Paris est encore inférieure à la *moyenne minima* de Bretagne ; c'est là un fait intéressant à noter.

En résumé, la Bretagne est, au point de vue de la température, un pays où il fait moins froid en hiver que partout ailleurs et, si la quantité de chaleur reçue aux heures les plus chaudes de la journée est loin d'atteindre aux chiffres de la région du sud-ouest et surtout du sud-est de la France, elle est, dans tous les cas, considérablement supérieure à celle de Paris. Enfin le même avantage se poursuit en été, où, les conditions se renversant, la Bretagne jouit d'un climat très doux et de beaucoup plus frais que celui des autres contrées de la France, sauf la région de la mer du Nord, où la quantité de chaleur reçue est par trop faible, les mois d'avril et de mai y étant encore très froids.

Reste une question intéressante à traiter, c'est celle des pluies, car le régime pluvieux d'un pays a forcément une importance considérable sur sa valeur climatothérapique. Il est parfaitement évident qu'une région humide et pluvieuse est très désagréable à habiter et que, de plus, elle est malsaine.

Or, il est admis aujourd'hui, par tout le monde, que la Bretagne est le pays le plus humide de France, celui où la pluie est la plus fréquente ; il y a même une plaisanterie courante qui consiste à dire qu'à Brest *il pleut quatre cents jours par an.* C'est là une opinion erronée si elle doit s'étendre à toute la Bretagne, car cette province est partagée en plusieurs zones très différentes au point de vue de la quantité d'eau tombée dans l'année.

Qu'on jette les yeux sur les cartes que nous avons fait dresser d'après une carte de France pluviométrique que M. Angot a bien voulu nous prêter, et l'on verra que les régions du sud-ouest et même du sud-est n'ont rien à envier à la Bretagne comme quantité d'eau reçue pendant une année. Il pleut autant dans les Landes et à Biarritz qu'à Quimper, presque autant dans la région de Nice qu'à Brest, Morlaix et Rennes, autant à

TABLEAU XIX.

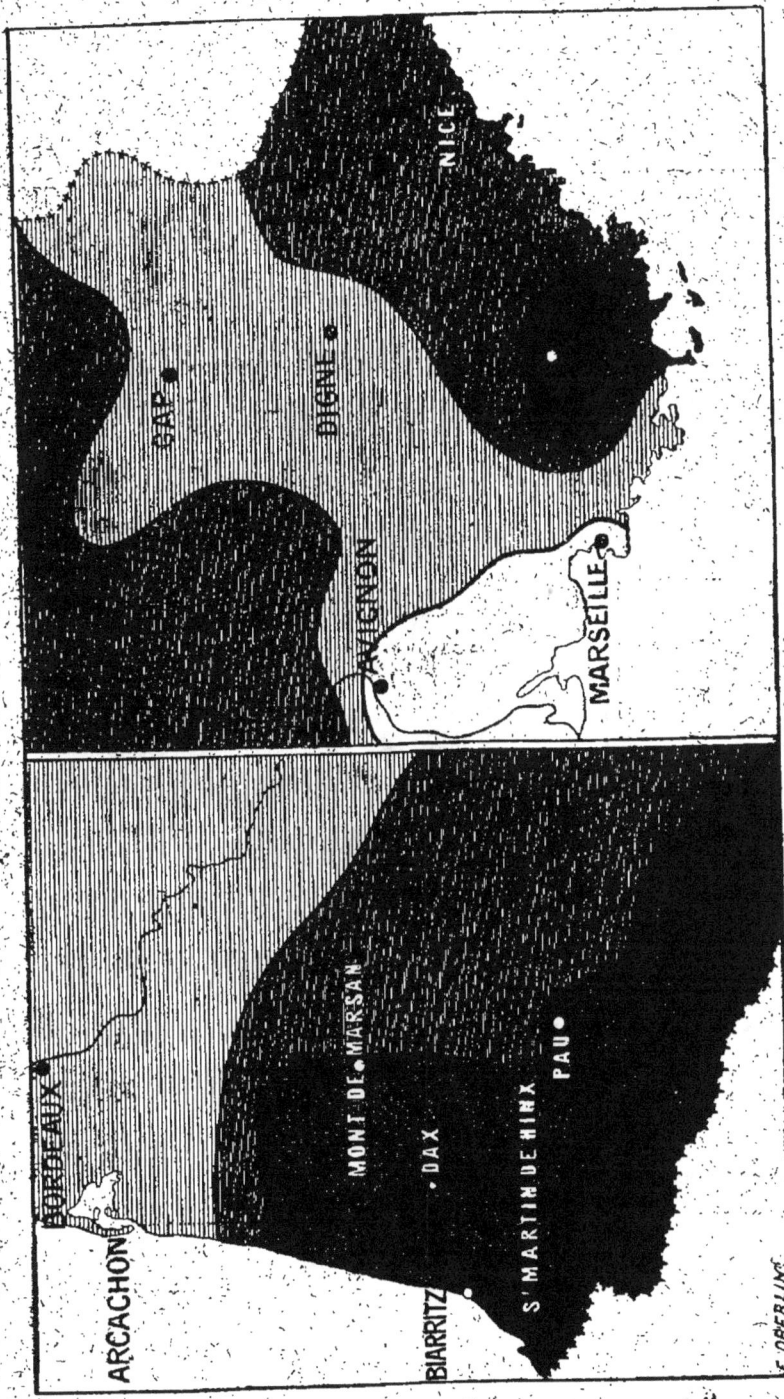

Moyenne des pluies.

(Arcachon-Biarritz.)   (Nice.)

E. OBERLING

TABLEAU XX.

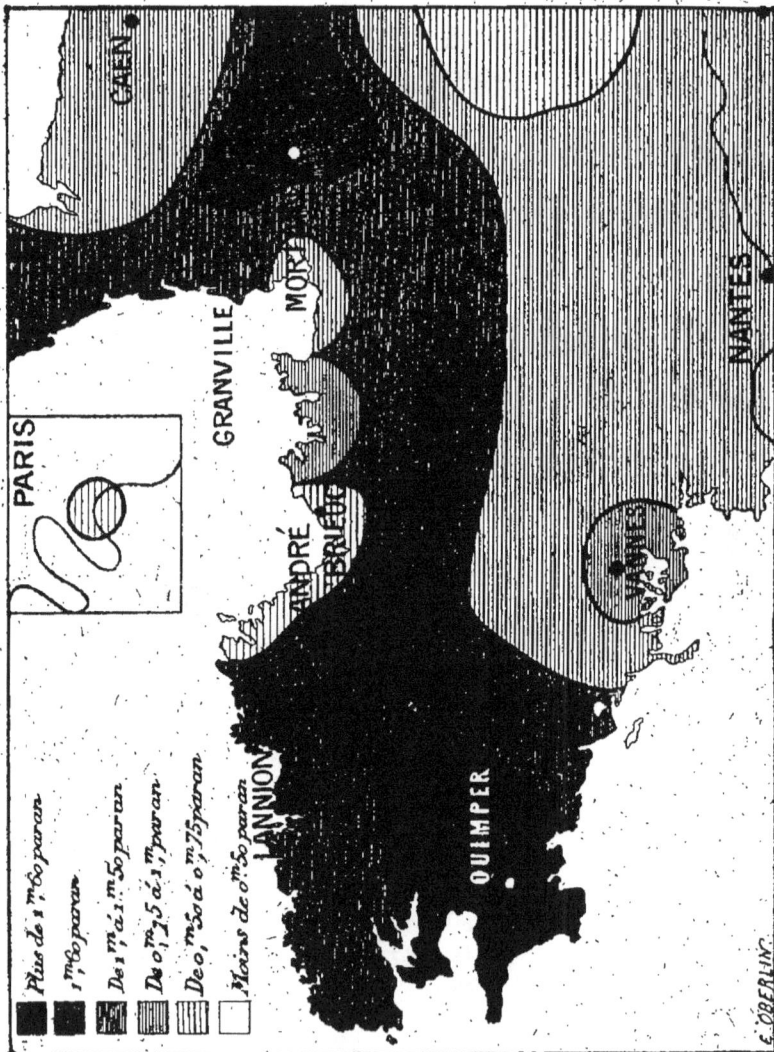

Moyennes des pluies (Bretagne).

E. OBERLIN.

Arcachon qu'à Vannes et Saint-Malo. C'est là un fait assez peu connu pour que nous ayons soin de le mettre en lumière. De plus, si l'on examine attentivement la carte de Bretagne, on verra que ce pays se divise en quatre grands groupes très singulièrement disposés :

1° Quimper, qui reçoit plus de 1^m,50 d'eau par an ;

2° Brest, Morlaix, Rennes (Granville et Cherbourg en Normandie), où la quantité d'eau tombée annuellement est supérieure à 1 mètre de hauteur ;

3° Les alentours de Vannes et de Saint-Malo, où la quantité d'eau atteint une hauteur de moins de 1 mètre ;

4° Une bande étroite de littoral située entre Paimpol et la baie du mont Saint-Michel, où la pluie n'est pas plus considérable qu'à Paris, c'est-à-dire où elle a une hauteur moyenne de 550 à 675 millimètres par an.

Ce fait est extrêmement remarquable, car il explique comment, malgré sa mauvaise réputation de région pluvieuse, la Bretagne offre sur ses côtes sud et nord, et particulièrement sur la baie de Saint-Brieuc, des points privilégiés où l'on peut jouir d'une situation climatérique certainement suffisante et, dans tous les cas, au moins égale à celle de Paris, si l'on tient seulement compte des régions pluvieuses.

Mais il ne suffit pas de mettre en avant la quantité d'eau tombée sur un pays pour en établir le régime pluviométrique ; il faut mettre en parallèle le nombre de jours pendant lesquels la masse d'eau tombe sur le sol. On voit, par exemple, en jetant les yeux sur le tableau X, qu'il tombe, à Nice, 757 millimètres d'eau par an, en moyenne, ce qui est une quantité plus grande que celle qui tombe à Paris, à Saint-Malo ou au Val-André, sur la baie de Saint-Brieuc. Mais la colonne des jours montre que cette quantité d'eau tombe en soixante-deux jours seulement, ce qui restreint à un chiffre presque nul le temps pendant lequel il pleut dans cette région.

Au contraire, à Brest, il tombe de l'eau deux cent cinq jours par an, pour donner une hauteur de 1,088 millimètres d'eau ; on peut donc dire que le régime de Brest est un peu moins favorable que celui des Landes où il tombe 1,554 millimètres d'eau, la moitié plus qu'à Brest, mais où cette grande quantité tombe en cent quatre-vingt dix-sept jours, c'est-à-dire en un peu moins de temps.

Il tombe à Saint-Malo et au Val-André, un peu plus d'eau qu'à Paris (671 et 580 millimètres en Bretagne, contre 559 seulement à Paris); mais on peut affirmer que la situation est meilleure à Saint-Malo et sur la baie de Saint-Brieuc, où il est tombé de l'eau seulement pendant cent vingt-neuf et cent trente et un jours par an, tandis qu'à Paris il a plu cent soixante-dix jours (1).

TABLEAU XXI.

PLUIES					
MOYENNES DE SIX ANNÉES					
Hauteur et nombre de jours					
S.t Martin de Hinx (Landes)	Brest	Nice	S.t Malo	Val André	Paris
1554 m/m	1082 m/m	57 m/m	671 m/m	580 m/m	553 m/m
197 jours	205 j	62 jours	129 j	131 j	170 j

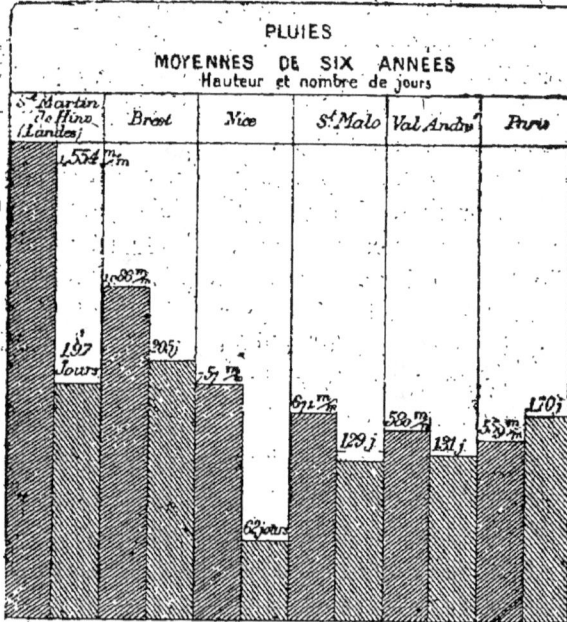

On voit, sans qu'il soit besoin d'y insister, que si la Bretagne est pluvieuse, c'est très inégalement et que quelques points encore assez étendus sur les côtes offrent un régime certainement inférieur à celui de la région de Nice, mais plus favorable que celui du sud-ouest et surtout beaucoup plus avantageux que celui de Paris.

Il est bien entendu que si la Bretagne n'a rien à envier à Arcachon au point de vue de l'état du ciel, il n'en est pas de

(1) Le tableau X a été établi sur six années d'observations, sauf pour le Val-André où la moyenne n'a pu être prise que pour cinq années.

même pour le sud-est. On ne saurait, en effet, prétendre que la lumière ne soit pas incomparablement plus vive sur le littoral de la Méditerranée. Les bords de la rivière de Gênes sont, en raison de la grande quantité de lumière qui les inonde, d'un séjour délicieux; mais, quand on compare des sites entre eux au point de vue climatérique, ce n'est pas au mieux qu'il faut songer, mais au pire. Dans ces conditions, on peut dire que la Bretagne jouit, dans les points d'élection que nous venons de citer, d'un ciel plus pur et plus lumineux que celui de Paris et de l'intérieur des terres.

Nous n'avons malheureusement pas pu recueillir, à cet égard, un nombre suffisant d'observations; mais nous avons pu prendre l'état du ciel au Val-André pendant les années 1888 et 1889, et voici les résultats obtenus, qui donnent, pour un an, l'état atmosphérique de la baie de Saint-Brieuc :

Jour où le ciel a été clair		108	113
— nuageux		80	81
— couvert		143	140
— brumeux pendant quelques heures		21	17
— brumeux toute la journée		11	12

On voit que, pendant plus de la moitié des jours (188 et 194), on a vu le soleil, le ciel étant clair ou seulement nuageux; c'est là une situation que l'on serait heureux de rencontrer dans bien des points de l'intérieur des terres. Nous ajouterons que, sur le littoral breton, la neige est presque inconnue; si, quelquefois il en tombe une ou deux fois par an, elle fond immédiatement et ne reste sur le sol qu'à une assez grande distance de la mer.

Mais, je le répète, il n'est pas dans nos intentions de vouloir opposer la Bretagne au Midi; loin de nous cette idée. Si la rivière de Gênes présente quelques désavantages (tendance à la morbidesse et à un amollissement physiologique sensible, coefficient d'écart de température trop élevé), et si la Bretagne présente, comme tout le littoral marin, un climat tonique et une régularité extrême de température en même temps qu'une grande douceur, l'avantage reste encore au Midi dans la comparaison. Mais le Midi est une terre de luxe; il est très loin et les riches seuls peuvent y vivre; la Bretagne, au contraire, outre qu'elle peut convenir mieux que le Midi aux atoniques, et qu'elle est habitable toute l'année, peut rendre les plus grands services comme séjour aux malades moins fortunés.

En résumé, parmi tous les points du littoral, la Bretagne offre des zones où les meilleurs facteurs se rencontrent pour permettre une vie *permanente* dans des conditions climatériques particulièrement propices.

La température y est douce ; les étés tièdes et les hivers très adoucis rendent la vie au grand air toujours possible ; la gelée est rare, de même que la forte chaleur. Le Morbihan et la baie de Saint-Brieuc ou de Saint-Malo présentent des zones où la pluie n'est pas trop abondante. Toutes ces conditions militent en faveur de ce pays pour l'établissement des sanatoria, c'est-à-dire d'établissements qui doivent être habitables toute l'année. Le séjour du pays est certainement utile et recommandable aux lymphatiques, aux anémiques, aux scrofuleux et en général à tous les affaiblis et convalescents qui ont besoin d'un climat tonique.

Quant aux tuberculeux, nous nous sommes déjà prononcé sur la question dans la partie de notre travail qui a trait à la climatothérapie.

Du moment que le climat ne doit être qu'un adjuvant d'un traitement hygiénique bien compris, nous ne voyons aucun inconvénient à ce que des malades tuberculeux soient dirigés vers des sanatoria bretons, le jour où il en existerait, car, au point de vue microbien, les bords de la mer sont dans des conditions favorables en raison de la pureté de l'atmosphère.

Paris. — Soc. d'Imp. PAUL DUPONT (Cl.) 263.11.90.

1006885G